Reecha Sharma
Swati Manhotra

Reconhecimento de rostos com invariantes de iluminação

Reecha Sharma
Swati Manhotra

Reconhecimento de rostos com invariantes de iluminação

Utilizar a fusão local de padrões binários e ternários

ÍNDICE DE CONTEÚDOS:

LISTA DE ABREVIATURAS

Abbreviation	Full Form
LBP	Local Binary Pattern
LTP	Local Ternary Pattern
SQI	Self-Quotient Image
DCT	Discrete Cosine Transform
ICA	Independent Component Analysis
FLD	Fisher Linear Discriminant
GFC	Gabor–Fisher Classifier
EFM	Enhanced Fisher Linear Discriminant Model
IGF	Independent Gabor Features
PRM	Probabilistic Reasoning Model
LTV	Logarithmic Total Variation
CLR	Coupled Linear Representation
DEF	Distance Based Evidence Fusion
SRC	Sparse Representation Based Classification
IGO	Image Gradient Orientations
PCA	Principal Component Analysis
LPQ	Local Phase Quantization
NFC	Nearest Feature Classifiers
NN	Nearest Neighbor
NFP	Nearest Feature Plane
NFS	Nearest Feature Subspace
NFL	Nearest Feature Line

WSRC	Weighted Sparse Representation based Classification
GRRC	Gabor Feature based Robust Representation and Classification
LRC	Linear Regression Classification
ANN	Artificial Neural Network
ROC	Receiver Operating Characteristics
LDA	Linear Discriminant Analysis
DFR	Dictionary-based Face Recognition
DD-DTCWT	Double Density Dual Tree Complex Wavelet Transform
FAR	False Acceptance Rate
FRR	False Rejection Rate
ERR	Equal Error Rate
CMU-PIE	Carnegie Mellon University Pose, Illumination and Expression
FERET	Face Recognition Technology program database
FRGC	Face Recognition Grand Challenge Database
OLHE	Oriented Local Histogram Equalization
D-HLDO	Discriminative Histograms of Local Dominant Orientation
AR	Aleix Martinez and Robert Benvente

RESUMO

O reconhecimento automático de faces é uma das áreas cativantes do processamento de imagens e do reconhecimento de padrões, devido à sua ampla utilização em vários domínios potenciais, como a segurança, o controlo de acessos, a vigilância, etc. O reconhecimento facial consiste basicamente em identificar ou verificar automaticamente a identidade de um indivíduo. O rosto humano é a primeira escolha para a identificação de um indivíduo devido à sua natureza não intrusiva. Os rostos são complexos e o seu reconhecimento continua a ser uma tarefa exigente para os sistemas de visão por computador. O reconhecimento automático exato de rostos torna-se uma tarefa difícil devido às variações de iluminação, expressões faciais, pose, oclusão e qualidade do sensor. As variações de iluminação afectam o desempenho dos sistemas de reconhecimento facial, alterando a aparência do rosto e reduzindo assim as taxas de reconhecimento

Neste trabalho de tese, foi efectuado um estudo aprofundado das técnicas de reconhecimento facial invariantes à iluminação mais avançadas e foi proposto um método baseado na fusão de duas técnicas diferentes de extração de características para ultrapassar as condições adversas de iluminação. O sistema proposto utiliza a normalização da iluminação baseada no gradiente para remover a componente de luminância de forma superior. Para obter a representação facial insensível à iluminação, é obtido um rácio entre a amplitude do gradiente e a intensidade da imagem original. As características faciais são extraídas utilizando duas técnicas diferentes de extração de características. O padrão binário local (LBP) é um descritor de textura local muito eficiente que se baseia na limiarização dos pixéis numa pequena vizinhança com base no valor do pixel central. O padrão ternário local (LTP) é uma versão modificada do LBP resistente ao ruído. Os vectores de características fornecidos pelas duas técnicas são fundidos ao nível das características. Finalmente, a rede neural artificial é utilizada na fase de classificação para efeitos de reconhecimento.

A combinação da informação obtida a partir de duas técnicas diferentes de extração de características pode fornecer características mais discriminativas e taxas de reconhecimento elevadas. A eficiência do algoritmo proposto é testada em duas das bases de dados de rostos mais populares, a Extended Yale B e a AR, e observa-se que as técnicas de extração de características baseadas na fusão proporcionam taxas de reconhecimento muito melhores do que a utilização de técnicas individuais para a extração de características.

CAPÍTULO 1

INTRODUÇÃO

1.1 Introdução ao reconhecimento facial na biometria

O termo Biometria deriva de duas **palavras geek: "bio" significa vida e "metric"** significa medir. O processo de reconhecimento de uma pessoa com base nas suas características fisiológicas ou comportamentais únicas é designado por biometria.

Os métodos anteriores de biometria baseavam-se no reconhecimento de pessoas com base em características corporais distintas, cicatrizes ou uma combinação de outras características fisiológicas, como a altura, a cor da pele e a cor dos olhos, etc.

Mas os métodos actuais baseiam-se na identificação e no reconhecimento da pessoa com base em características como o rosto, a íris, a geometria da mão, as veias, as impressões digitais, a voz, a caligrafia e a retina. Atualmente, uma vasta gama de sistemas de identificação e verificação de pessoas altamente seguros utiliza as técnicas biométricas.

Existe uma enorme necessidade de técnicas de identificação e verificação pessoal altamente seguras devido ao aumento do nível de violações da segurança e de fraudes nas transacções. Os **acontecimentos do mundo atual suscitaram** um interesse crescente no domínio da segurança, o que fomentará uma maior utilização da biometria.

As técnicas fiáveis de identificação de pessoas são necessárias para os numerosos sistemas de identificação e verificação, como o controlo de acesso e a vigilância.

O principal motivo destes sistemas é que apenas os utilizadores legítimos têm acesso aos recursos. Estes sistemas de segurança podem tornar-se vulneráveis se uma pessoa for identificada de forma incorrecta, permitindo assim o acesso a impostores.

No atual cenário de globalização, a identificação individual tornou-se uma das preocupações mais importantes.

A biometria é considerada como um dos traços fisiológicos mais distinguíveis e fiáveis de um indivíduo. Nos próximos tempos, a biometria pode ser utilizada em áreas como as transacções na Internet, o acesso à rede, as transacções telefónicas, os postos de trabalho e também nas viagens e no turismo. A sensibilização do público para as tecnologias biométricas tem aumentado com a sua enorme utilização em várias aplicações comerciais e governamentais.

Existem várias formas de tecnologias biométricas, algumas das quais são antigas e outras mais recentes. As tecnologias biométricas mais utilizadas são o reconhecimento facial das impressões digitais, a leitura da retina, o reconhecimento da voz, a verificação da assinatura, a leitura da íris e a geometria da mão. A figura 1.1 mostra as várias formas de biometria sob as categorias de características fisiológicas e comportamentais.

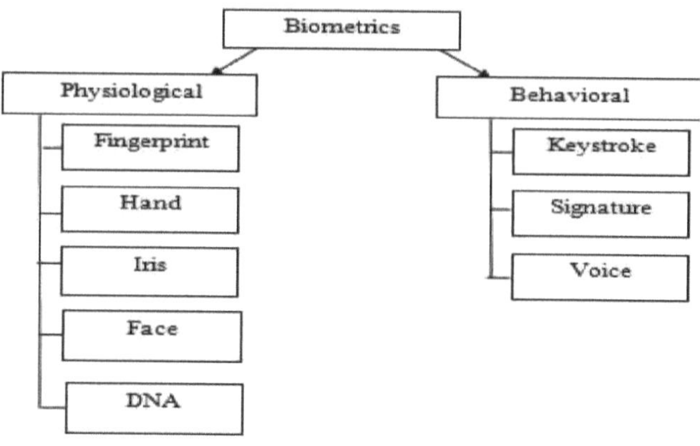

Figura 1.1Tipos de biometria

Um sistema biométrico pode ser classificado em duas categorias:

(1) Identificação (1: n) - Um-para-muitos: As técnicas biométricas podem ser utilizadas para determinar a identidade de uma pessoa, mesmo sem a sua consciência ou consentimento. Exemplos disso são o rastreio de uma multidão com a ajuda de uma câmara e a verificação de correspondências que já estão armazenadas na base de dados utilizando uma tecnologia de reconhecimento facial.

(2) Verificação (1:1) - Um-para-Um: A biometria pode também ser utilizada para autenticar a identidade de uma pessoa. Exemplos disso são permitir que uma pessoa entre numa área segura de um edifício utilizando a tecnologia das impressões digitais ou que uma pessoa tenha acesso a uma conta bancária numa caixa multibanco utilizando a sua retina, que é uma caraterística única [1].

Um sistema biométrico típico [4] consiste nas seguintes etapas básicas: módulos de deteção, extração de características e correspondência. Nos sensores biométricos (por exemplo, sensor de impressões digitais, câmara digital para o rosto), a caraterística biométrica de um indivíduo é captada ou digitalizada para produzir a sua representação digital. A amostra biométrica adquirida é submetida a um controlo de qualidade para garantir que é fiável para ser processada pelos módulos subsequentes de extração e correspondência de características.

As informações desnecessárias e estranhas são eliminadas das amostras adquiridas no módulo de extração de características. Além disso, as informações salientes e discriminatórias, denominadas características, que são utilizadas para efeitos de correspondência, são extraídas durante esta fase. A amostra biométrica de teste é comparada com as informações da amostra de referência já armazenadas na base de dados durante a fase de correspondência para estabelecer a identidade associada à amostra de teste.

Um sistema biométrico funciona em duas fases: registo e reconhecimento. O registo refere-se à fase em que o sistema armazena algumas informações biométricas de referência sobre a pessoa numa base de dados. A informação de referência pode ter a forma de um modelo (que são as características extraídas da amostra biométrica ou os parâmetros do modelo matemático que melhor caracterizam as características extraídas) ou pode ser a própria amostra biométrica (por exemplo, imagem do rosto ou da impressão digital)

Juntamente com a referência biométrica, em muitas aplicações são também armazenados alguns atributos de identidade da pessoa (nome, número de identificação, etc.). A referência é normalmente marcada com uma identificação gerada pelo sistema quando não estão disponíveis informações sobre a identidade pessoal (por exemplo, impressões digitais latentes desconhecidas retiradas de uma cena de crime, aplicações de autenticação anónimas, etc.). **O traço biométrico do utilizador é** digitalizado, as características são extraídas e comparadas com as informações biométricas de referência armazenadas na base de dados na fase de reconhecimento. O utilizador é autenticado se a pontuação de semelhança entre os dados de teste e de referência for elevada.

Um sistema biométrico eficiente deve possuir as seguintes propriedades básicas

- Robustez - O desempenho de um sistema biométrico não deve ser afetado com o passar do tempo. Deve manter o mesmo nível de desempenho ao longo dos anos, ou seja, o sistema deve ser invariável no tempo. Deve apresentar variações intraclasse reduzidas.

- Carácter distintivo - Um sistema biométrico deve possuir a propriedade de unicidade. Deve ser capaz de distinguir com exatidão duas pessoas quaisquer e, por conseguinte, ter grandes variações entre classes.

- Disponibilidade - Os sistemas biométricos devem estar fácil e prontamente disponíveis, ou seja, devem ter a propriedade da universalidade.

- Acessibilidade - O traço caraterístico, quer seja comportamental ou fisiológico, que é utilizado pelo sistema biométrico deve ser fácil de adquirir e deve possuir a propriedade de coleccionabilidade [1].

1.1.1 Normas de desempenho biométrico

Os sistemas biométricos são classificados com base no desempenho de várias normas:

1) Taxa de falsa aceitação (FAR) - A probabilidade de um impostor ser incorretamente autorizado pelo sistema biométrico. É também designada por erro de tipo II.

2) Taxa de falsa rejeição (FRR) - A probabilidade de um utilizador registado ser erradamente rejeitado pelo sistema biométrico. É também designada por erro de tipo I.

3) Taxa de erro igual (EER) - A probabilidade da FAR e da FRR é reflectida pela EER (taxa de cruzamento), que é praticamente a mesma.

1.1.2 Principais tecnologias biométricas

Existem principalmente sete tipos de tecnologias biométricas principais:

1) **Reconhecimento de impressões digitais** - O processo de reconhecimento de impressões digitais envolve a localização e a determinação das características únicas da impressão digital humana. A impressão digital contém vários vales e cristas que constituem a base para os laços, arcos e redemoinhos na ponta do dedo. As cristas e os vales da impressão digital contêm vários tipos de descontinuidades e rupturas, denominadas minúcias. Estas minúcias são utilizadas para determinar a localização de características únicas na impressão digital.

2) **Reconhecimento da geometria da mão** - Envolve a determinação de características únicas na estrutura da mão. As características podem incluir o comprimento, a largura e a espessura do dedo, a distância entre as articulações dos dedos e a estrutura óssea geral da mão. A mão não possui tantas

características únicas como outras formas de biometria.

3) **Reconhecimento facial** - Envolve a extração de características faciais únicas, bem como o cálculo da distância entre as orelhas, os olhos, o nariz, a boca, etc., a partir de uma coleção de imagens faciais de diferentes indivíduos. O rosto possui uma série de características únicas que são extremamente valiosas para a identificação e o reconhecimento correctos dos indivíduos.

4) **Reconhecimento da íris e da retina** - Envolve o exame das características únicas da íris. A íris é a secção de coroa que se situa entre a região branca do olho e a pupila. A principal função da íris é controlar o tamanho da pupila. As principais características únicas da íris incluem a malha trabecular, as sardas e a córnea. O reconhecimento da retina envolve a análise do padrão dos vasos sanguíneos na retina, que está presente na extremidade posterior do olho.

5) **Reconhecimento de voz** - Envolve a análise dos padrões únicos da voz produzidos pelo trato vocal de um indivíduo. Uma pessoa é levada a recitar algumas frases de texto para captar as inflexões da sua voz. Este tipo de reconhecimento é muitas vezes afetado pelo ruído e por outras perturbações externas.

6) **Reconhecimento de toques de teclas** - Envolve a análise da forma única como um indivíduo escreve caracteres num teclado. As características podem incluir a velocidade de dactilografia, o tempo durante o qual as teclas são premidas e o intervalo de tempo entre as teclas sucessivas.

7) **Reconhecimento de assinaturas** - Envolve a análise da forma como um indivíduo assina o seu nome. As características únicas da assinatura incluem alterações na velocidade, no tempo e na pressão durante o período de assinatura [1] [5].

1.1.3 Motivação do sistema biométrico baseado na face

O rosto é uma das formas mais populares de biometria e o reconhecimento facial é mais utilizado pelos seres humanos nas suas interacções visuais. Em vários outros tipos de biometria utilizados nos sistemas de autenticação, como a voz, as impressões digitais, a íris e o ADN, a aquisição de dados é o principal problema. Por exemplo, para a recolha de amostras de impressões digitais, o dedo da pessoa em causa deve ser mantido no local e orientação correctos e, no reconhecimento da voz, deve haver um espaço adequado entre a pessoa e o microfone e a posição do microfone também deve ser precisa.

O rosto pode ser utilizado como caraterística biométrica para os sistemas secretos em que o utilizador não se apercebe de que está a ser sujeito, porque o método de aquisição de imagens do rosto não é intrusivo. A caraterística universal dos seres humanos é o rosto. O reconhecimento facial tem uma vasta gama de aplicações em vários domínios de investigação, bem como na resolução de problemas de classificação, como o reconhecimento de objectos. O reconhecimento facial é normalmente utilizado para fins de segurança, mas atualmente tem sido cada vez mais utilizado em várias outras aplicações, como a aplicação da lei, a identificação de eleitores, o controlo de acesso, etc.

1.2 Reconhecimento facial

O reconhecimento facial é basicamente o processo de comparação de uma determinada imagem facial com um conjunto de imagens faciais armazenadas numa base de dados de imagens. No entanto, este processo não é uma tarefa simples, porque há uma série de factores internos e externos que influenciam a aparência de um indivíduo. Os investigadores têm demonstrado grande interesse no domínio do reconhecimento facial desde há muitas décadas. O reconhecimento facial tem-se tornado cada vez mais popular com o rápido avanço da informática.

Os investigadores estão a conceber um grande número de novas abordagens para resolver os problemas causados pelas mudanças de iluminação, pose, envelhecimento, diferença de raça, etc. A tecnologia de reconhecimento facial é utilizada em várias aplicações cruciais, como a segurança, o login do utilizador por reconhecimento facial, o sistema de localização facial, a interação homem-computador, os sistemas de reconhecimento facial automático, etc.

1.2.1 Processo de reconhecimento facial

O processo de reconhecimento facial começa com a aquisição de imagens de entrada utilizando uma câmara digital ou qualquer outro dispositivo, seguido do pré-processamento das imagens de entrada para melhorar a informação útil contida na imagem. O passo seguinte é a deteção e localização de imagens de rostos num fundo complexo. Em seguida, são extraídas as características faciais e é efectuada a correspondência das imagens de teste com as imagens da base de dados. As principais etapas do processo de reconhecimento facial são explicadas em pormenor a seguir:

1) **Aquisição de imagens** - O processo de aquisição de imagens envolve a digitalização de uma fotografia ou a captação de uma imagem ao vivo do sujeito utilizando uma câmara electro-ótica. As imagens faciais também podem ser obtidas a partir de um vídeo. A maioria dos algoritmos de reconhecimento facial existentes utiliza apenas uma única câmara. No entanto, a taxa de reconhecimento diminui quando se produzem variações nas imagens do rosto devido a alterações na iluminação, na pose ou nas expressões. A taxa de reconhecimento diminui consideravelmente com o aumento do ângulo de pose.

Alguns dos algoritmos de reconhecimento de rostos, como o LDA, são robustos contra a alteração das condições de iluminação e podem reconhecer eficazmente rostos em condições de iluminação variáveis. Mas alguns dos métodos de reconhecimento de rostos, como o PCA, não são invariantes em relação à iluminação, pelo que, para ultrapassar o efeito da alteração da iluminação, as imagens de rostos devem ser captadas com vista frontal, com o mínimo de alterações de expressão e com condições de iluminação uniformes.

2) **Pré-processamento de imagens** - O principal objetivo do pré-processamento de imagens [5] é melhorar e modificar os dados de entrada da imagem de modo a suprimir as distorções involuntárias e a melhorar as características importantes da imagem que serão utilizadas no processamento posterior. Por exemplo, existe uma grande quantidade de variações de iluminação entre as imagens da galeria e as imagens da sonda no reconhecimento de rostos. Para ultrapassar essas variações de iluminação, são utilizados algoritmos de compensação da iluminação nas imagens de escala de cinzentos na fase de pré-processamento antes do reconhecimento.

Para um reconhecimento facial eficaz, as características únicas da imagem devem ser melhoradas através da melhoria do contraste da imagem e o ruído deve também ser removido de modo a obter uma imagem de boa qualidade. O processo de equalização do histograma é utilizado para melhorar a qualidade das imagens demasiado escuras ou demasiado claras. O principal objetivo do melhoramento da imagem é realçar as características que são únicas e desconhecidas, de modo a melhorar o desempenho dos sistemas de reconhecimento facial.

3) Deteção de rostos - A deteção de rostos é um processo utilizado para encontrar a localização e o tamanho de rostos humanos em imagens aleatórias. Trata-se de um processo psicológico utilizado pelos seres humanos para localizar e atender os rostos numa cena visual. Detecta apenas as características do rosto humano e ignora outros objectos, como edifícios, árvores e corpos. A deteção de classes de objectos é uma tarefa importante na visão computacional e a deteção de faces é um caso especial de deteção de classes de objectos. O principal objetivo do processo de deteção de faces é a deteção de faces humanas em vista frontal. Funciona da mesma forma que a deteção de imagens, em que a imagem de um indivíduo é comparada bit a bit. Os rostos são seleccionados com base em padrões generalizados do aspeto de um rosto [2].

4) Extração de características - O processo de extração de características envolve a formulação de um vetor de características que seja suficientemente único para representar a imagem do rosto. O objetivo principal é a extração de informações relevantes da amostra capturada. Os algoritmos de extração de características dividem-se basicamente em duas categorias:

(a) Técnicas baseadas em características locais - As características faciais específicas, como os olhos, a boca e o nariz, são localizadas automaticamente com base nas distâncias conhecidas entre elas.

(b) Técnicas holísticas baseadas em características - Não se centram numa área específica do rosto, mas consideram a imagem do rosto como um todo.

A geração de modelos é o resultado da fase de extração de características. Um modelo pode ser considerado como um conjunto reduzido de informações que reflecte as **características** únicas **do rosto da pessoa inscrita, compreendendo pesos para cada imagem da base de dados** [1].

5) Classificação - Na fase de classificação, o modelo gerado na fase de extração de características é comparado com o da base de dados de rostos conhecidos. Para efeitos de identificação, uma amostra é lida pelo dispositivo biométrico e comparada com o registo na base de dados. Uma correspondência perfeita para a amostra de entrada ou uma lista de correspondências que são quase semelhantes aos modelos gerados na base de dados. No entanto, no processo de verificação, o modelo gerado é comparado apenas com o modelo da identidade reivindicada na base de dados [5]. A distância euclidiana é utilizada para encontrar a correspondência mais próxima, encontrando a diferença mínima entre os pesos da imagem de entrada e o conjunto de pesos de todas as imagens da base de dados.

As imagens de rostos são normalmente representadas no espaço de rostos e são semelhantes na reconstrução quando comparadas com a imagem original do rosto, o que resulta em erros de reconstrução muito baixos. Por outro lado, o valor do erro de reconstrução será superior ao nível aceitável, ou seja, o limiar para imagens de rostos não faciais ou desconhecidos. A medida de distância é utilizada para determinar a proximidade das imagens de rostos não conhecidos ou desconhecidos em relação a uma imagem de rosto conhecida. A figura 1.2 mostra as várias fases do processo de reconhecimento de faces.

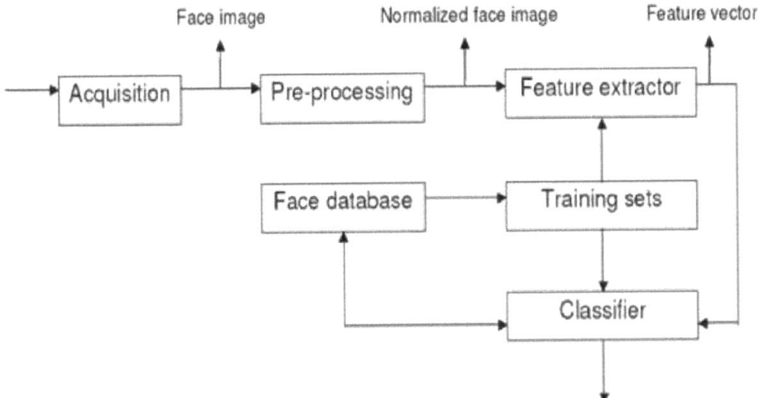

Figura 1.2 Diagrama de blocos do reconhecimento facial

1.2.2 Métricas de avaliação do desempenho

As várias métricas de avaliação do desempenho de um sistema de reconhecimento facial são:

- Verdadeiro positivo (TP) - O verdadeiro positivo significa que tanto o valor do resultado **como o valor efetivo da previsão são positivos. É análogo ao "acerto" na** teoria da deteção **de sinais.**

- Verdadeiro negativo (TN) - O verdadeiro negativo significa que tanto o valor do resultado como o valor real da previsão são negativos. É **análogo à "rejeição correcta" na teoria da deteção de sinais.**

- Falso positivo (FP) - O falso positivo ocorre quando o valor real da previsão é **negativo, mas o resultado é positivo. É análogo ao "falso alarme" na** teoria da deteção **de sinais.**

- Falso negativo (FN) - O falso negativo ocorre quando o valor real da **previsão é positivo, mas o resultado é negativo. É análogo ao "erro" na** teoria da deteção de sinais.

- Sensibilidade ou taxa de verdadeiros positivos (TPR) - A taxa de verdadeiros positivos significa a probabilidade de um modelo corresponder corretamente a um padrão existente na **base de dados. É análoga à "taxa de acerto" ou à "recuperação" na teoria da deteção de sinais.**

$$TPR = \frac{TP}{P} = \frac{TP}{TP + FN} \qquad (1.1)$$

- Taxa de falsos positivos (FPR) - A taxa de falsos positivos significa a probabilidade de um modelo corresponder incorretamente a um padrão existente na base de dados. É **análoga à "taxa de falsos alarmes" ou "fall-out" na teoria da deteção de sinais.**

$$FPR = \frac{FP}{N} = \frac{FP}{TP + FN} \qquad (1.2)$$

- Exatidão (ACC) - A exatidão refere-se à probabilidade de uma amostra ser corretamente identificada.

$$ACC = \frac{TP + TN}{P + N} \qquad (1.3)$$

1.2.3 Desafios ao reconhecimento de rostos

O rosto é a forma mais importante de biometria utilizada na comunicação humana quotidiana **e desempenha**

um papel importante na transmissão da identidade e das emoções de uma pessoa devido a algumas das suas características únicas. Tem sido desenvolvido um vasto trabalho de investigação neste domínio e uma grande variedade de tecnologias de reconhecimento facial tem evoluído desde há muitos anos. No entanto, as aplicações na vida real continuam a ser um grande desafio. Para um ser humano, a memória limitada pode ser o único problema no reconhecimento de rostos, ao passo que os problemas são múltiplos no reconhecimento automático. Até à data, não foi desenvolvida nenhuma técnica que iguale a capacidade humana de reconhecer rostos. Alguns dos possíveis problemas do sistema de reconhecimento automático de rostos são principalmente: **(a)A qualidade da imagem - O principal requisito de um sistema de reconhecimento de rostos é que a imagem** do suspeito seja uma imagem de rosto de boa qualidade. Uma imagem de boa qualidade é basicamente aquela que é captada nas condições previstas. A qualidade da imagem é muito importante para extrair as características da imagem. Se as características faciais não forem calculadas com exatidão, perde-se a robustez das várias abordagens de reconhecimento facial. Assim, mesmo o melhor algoritmo de reconhecimento facial tem um desempenho inferior se a qualidade da imagem diminuir. A figura 1.3 mostra imagens de rostos de diferentes indivíduos com uma qualidade de imagem variável [6].

Figura 1.3 Imagens de rostos com qualidade de imagem variável

(b) Mudança da expressão facial - Um sistema de reconhecimento facial é também muito sensível a mudanças na expressão facial [2]. Uma cara a chorar, uma cara a sorrir, uma cara com os olhos fechados, mesmo uma pequena distinção na expressão facial pode afetar significativamente o desempenho do sistema de reconhecimento facial. As alterações da expressão facial são as que mais contribuem para as variações nas imagens de rostos. Pode ser um enorme desafio para os sistemas de aprendizagem e reconhecimento de rostos associar várias expressões ao mesmo rosto. É muito difícil descobrir qual o grau de exposição a estas variações de imagem que é crítico para que o sistema de reconhecimento facial seja invariante em termos de expressão. A Figura 1.4 mostra imagens de rostos da mesma pessoa com diferentes expressões [7].

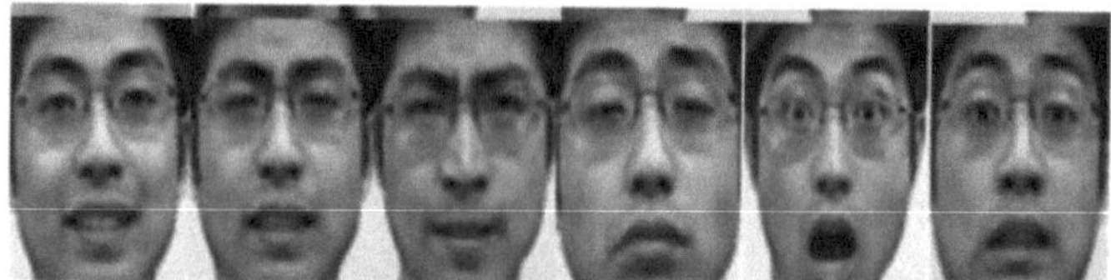

Figura 1.4 Diferentes expressões faciais

(c) Variação da iluminação - A iluminação é um fator proeminente entre a grande variedade de variáveis que influenciam o desempenho de um sistema de reconhecimento facial. Pode parecer estranho que as variações da imagem devidas a alterações das condições de iluminação sejam geralmente mais críticas do que as variações causadas por identidades individuais distintas [3]. Há principalmente dois problemas associados ao tratamento da iluminação com base em texturas nos sistemas de reconhecimento facial: 1) Os pixéis originais da face mudam devido à alteração dos valores texturais com o aumento do contraste durante a normalização da iluminação. 2) A taxa de falsa aceitação aumenta devido à minimização da distância entre as classes.

A normalização da iluminação é o passo mais importante e crucial numa grande variedade de sistemas utilizados para o reconhecimento facial. O problema da iluminação ocorre devido a alterações das condições climatéricas, sombras, variações da hora do dia ou alterações das condições de iluminação. As variações causadas pelo efeito da iluminação conduzem frequentemente a erros de classificação dos indivíduos. Assim, a componente de luminância da imagem deve ser removida corretamente. A Figura 1.5 mostra as imagens do rosto de uma mesma pessoa sob diferentes condições de iluminação [8].

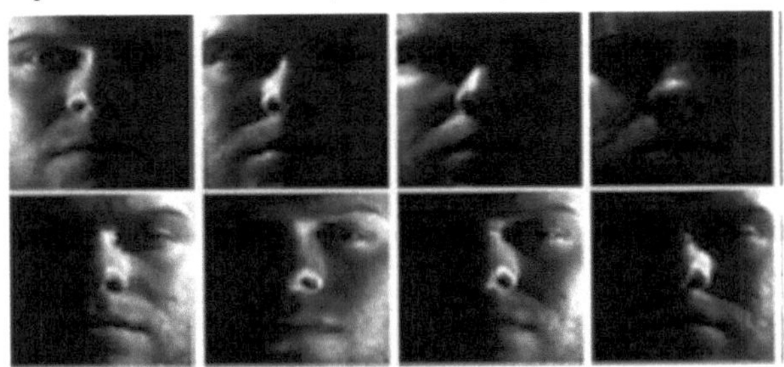

Figura 1.5 Imagens de rostos com diferentes graus de iluminação

(d) **Variação da pose** - Na maior parte dos casos, as imagens de rosto em vista frontal são utilizadas como dados de treino para os sistemas de reconhecimento facial. As imagens de vista frontal contêm mais informação específica de um rosto do que as imagens de perfil ou de outros ângulos de pose [2]. Mas o sistema de reconhecimento facial enfrenta problemas quando tem de reconhecer um rosto rodado utilizando os dados de treino da vista frontal. Por conseguinte, são necessárias várias vistas de um indivíduo numa base de dados de rostos. As variações de pose são frequentemente maiores do que as variações entre pessoas utilizadas para distinguir indivíduos. A figura 1.6 mostra as imagens da mesma pessoa capturadas com poses diferentes [9].

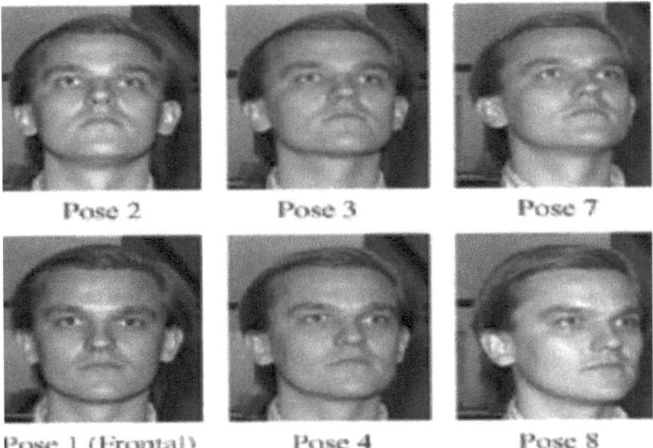

Figura 1.6 Imagens de rostos com variação na pose

1.3 Iluminação do rosto

A iluminação é um dos factores mais proeminentes que degradam o desempenho dos sistemas de reconhecimento facial, alterando a aparência de uma imagem. A diferença na textura da superfície do objeto e as sombras projectadas a partir de diferentes direcções da fonte de luz conduzem frequentemente a intensidades não homogéneas da imagem. A iluminação é um fator proeminente entre a grande variedade de variáveis que influenciam o desempenho de um sistema de reconhecimento facial. Pode parecer estranho que as variações da imagem devido a alterações nas condições de iluminação sejam geralmente mais críticas do que as variações causadas por identidades individuais distintas [3].

A normalização da iluminação é a tarefa mais importante numa grande variedade de técnicas de reconhecimento facial nos domínios do processamento de imagem. Devido à alteração das condições de iluminação nas imagens de rostos, surgem vários problemas indesejáveis, tais como os falsos contornos das sombras, que tendem a confundir os limites genuínos dos componentes do rosto, como os olhos e a boca. Este problema é resolvido modelando uma imagem I como o produto dos componentes de reflectância R e de iluminação L (ou seja, I=RL).

O desempenho dos sistemas de reconhecimento facial é limitado por vários factores, dos quais a variação da iluminação é o mais significativo. A alteração das condições de iluminação leva a que várias imagens da mesma pessoa pareçam dramaticamente diferentes. A exposição das imagens de treino/teste a condições de iluminação severas leva à degradação do desempenho da maioria dos métodos de reconhecimento facial existentes devido à sua elevada sensibilidade às condições de iluminação.

Um dos factores mais importantes que determinam a taxa de sucesso ou insucesso de muitas aplicações de imagiologia e visão artificial é a iluminação [10]. Com a exposição a condições de iluminação uniformes, o contraste das características significativas da imagem pode ser melhorado, a informação irrelevante pode ser eliminada e a relação sinal/ruído do sensor pode ser melhorada. No entanto, podem ser impostos requisitos rigorosos às condições de iluminação para obter níveis de iluminação uniformes e temporalmente constantes, a menos que seja efectuado um processamento de baixo nível adequado. Mas o custo e a complexidade do sistema aumentam devido aos frequentes ajustamentos da iluminação, à utilização de fontes de alimentação fortemente reguladas ou a circuitos especiais de realimentação para controlar o nível de iluminação. Mesmo em condições ideais de iluminação, são produzidas variações aparentes de iluminação no sistema devido a deficiências no hardware e na ótica de imagem, o que afecta a robustez e a fiabilidade do sistema de reconhecimento facial.

1.3.1 Técnicas de supressão do efeito de iluminação

A iluminação irregular dos rostos dá origem ao problema da iluminação. O processo de classificação é grandemente afetado pelas variações nas condições de iluminação causadas pela iluminação irregular, uma vez que as características faciais que estão a ser utilizadas para efeitos de classificação são afectadas por esta variação. Nos últimos anos, foram desenvolvidas muitas abordagens para fazer face às variações de iluminação. As várias abordagens para o problema da iluminação podem ser classificadas em termos gerais como

1.3.1.1 Técnicas de extração de características com variação de iluminação

As técnicas de extração de características invariantes à iluminação para o reconhecimento de rostos incluem a transformação logarítmica, o gradiente de imagem e o mapa de bordos. A implementação destes algoritmos é fácil, mas a melhoria em termos de taxa de reconhecimento é muito limitada.

(a) Gradientfaces - Nesta técnica, a imagem é convertida do domínio do pixel para o domínio do gradiente. A relação entre os pixels vizinhos é tida em consideração no domínio do gradiente [11], o que permite revelar as estruturas inerentes subjacentes à imagem do rosto. As características insensíveis à iluminação, como as arestas da imagem facial, são extraídas pelos gradientes da imagem. Para uma imagem I(x, y) em que as condições de iluminação variam, o rácio entre o gradiente y de I(x, y) e o gradiente x de I(x, y) é uma medida de insensibilidade à iluminação em que

$$I(x, y) = L(x, y)R(x, y) \tag{1.4}$$

$$\frac{\frac{\partial I(x,y)}{\partial y}}{\frac{\partial I(x,y)}{\partial x}} = \frac{\frac{\partial R(x,y)}{\partial y}}{\frac{\partial R(x,y)}{\partial x}} \tag{1.5}$$

Quando o gradiente x é zero, o rácio entre o gradiente y e o gradiente x será infinito. Assim, a razão entre o gradiente y e o gradiente x não é diretamente utilizada como medida de insensibilidade à iluminação. A face de gradiente (GF) de uma imagem I(x, y) é calculada como

$$GF(x, y) = \arctan\left(\frac{\frac{\partial I(x,y)}{\partial y}}{\frac{\partial I(x,y)}{\partial x}}\right) \tag{1.6}$$

(b) Transformada discreta do cosseno - A propriedade de "compactação de energia" da DCT conduziu à sua utilização crescente no domínio do processamento de imagens e da análise de sinais. A maior parte da informação do sinal é comprimida pela DCT [12] num pequeno número de coeficientes. Assim, a DCT é utilizada no domínio logarítmico para o processo de extração de características. Quando a DCT é aplicada a toda a imagem do rosto, obtém-se uma matriz de características constituída pelos coeficientes de alta e baixa frequência, que tem a mesma dimensionalidade que a imagem do rosto de entrada. Como a banda de baixa frequência contém a maior parte das variações de iluminação, um número preciso de coeficientes DCT é truncado para reduzir as variações de iluminação. Em seguida, é construído um espaço de características seleccionando alguns coeficientes DCT de baixa frequência como vetor de características de cada imagem.

(c) Denotização Wavelet - A imagem é decomposta em diferentes sub-bandas de frequência em várias escalas através da aplicação da transformada wavelet [8]. A componente de reflectância invariante da iluminação (R) é extraída da imagem (1) aplicando o operador de logaritmo na imagem através deste método, de modo a que

$$I' = R' + L \tag{1.7}$$

Onde $I' \approx \log (I)$, $R' \approx \log(R)$, and $L' \approx \log (L)$.

A frequência correspondente a R (características faciais principais) é diferente para as imagens do rosto da mesma pessoa em condições de iluminação variáveis. Para eliminar estas variações de iluminação, uma aproximação para os traços faciais principais R com um pequeno erro médio quadrático é dada por

$$\min(R'^2) = \min(I' - L')^2 \tag{1.8}$$

Ao resolver o problema de otimização (7), **obtém-se o valor de R' que produz as** principais características faciais que são resistentes a condições de iluminação variáveis. As principais características faciais R são extraídas do espaço multiescala porque estas características faciais R são equivalentes **a "ruído" no modelo de redução de ruído. Os coeficientes de baixa frequência da transformada wavelet** que são altamente sensíveis às variações de iluminação são eliminados.

(d) Imagem com auto-quociente - A imagem com auto-quociente [13] é basicamente o rácio entre a imagem de entrada e as versões suavizadas da imagem.

$$Q = \frac{I}{I'} = \frac{I}{F * I} \tag{1.9}$$

onde **I é a imagem original, I' é a sua versão suavizada e F é o kernel utilizado para a** suavização. A divisão utilizada no SQI é pontual, tal como no método da imagem quociente. Chama-se imagem auto-quociente porque é obtida a partir de uma única imagem e tem a mesma forma quociente que a utilizada no método da imagem quociente. A SQI apresenta uma propriedade de invariância de iluminação semelhante à do método da imagem quociente. Mas a SQI difere significativamente da imagem quociente em muitos aspectos, tais como (1) é necessária uma única imagem para obter a SQI (2) a SQI baseia-se simplesmente na técnica de pré-processamento da imagem e não é necessária qualquer aprendizagem empírica.

(3) sem pressupostos relativamente a imagens de rostos.

(e) Face de Weber - A lei de Weber [28] afirma que o rácio entre a menor alteração perceptiva do estímulo e o estímulo de fundo é constante.

$$\frac{\Delta Imin}{I} = k \tag{1.10}$$

A diferença de intensidade relativa do pixel atual e do seu vizinho e a intensidade do pixel atual são os dois parâmetros que são calculados para cada pixel da imagem da face dada. A imagem de rácio assim obtida é designada por face de Weber.

1.3.1.2 Técnicas de pré-processamento e normalização

Para que as imagens de rosto pareçam estáveis em condições de iluminação variáveis, as imagens são pré-processadas e normalizadas utilizando algumas técnicas de processamento de imagem.

(a) Correção gama - A operação não linear que é utilizada para codificar e descodificar valores de luminância ou valores tristimulares num sistema de vídeo ou de imagem fixa é designada por correção gama. A correção gama é definida pela expressão da lei da potência, como se segue:

$$V_{out} = AV_{in}^{\gamma} \tag{1.11}$$

em que V_{out} é o valor de saída que é igual ao produto do valor de entrada real não negativo V_{in} elevado à potência γ e a constante A. O caso mais comum é quando A = 1, para o qual as entradas e saídas se situam no intervalo 0-1. Quando o valor de gama é < 1, designa-se por codificação gama e, quando a codificação é efectuada com esta não linearidade de lei de potência compressiva, o processo designa-se por compressão gama. Inversamente, quando o valor de gama > 1, designa-se por descodificação gama e quando a descodificação é efectuada com esta não linearidade de lei de potência expansiva, o processo designa-se por expansão gama. Um grande número de bits ou uma largura de banda muito grande é atribuído aos pontos altos que não são diferenciáveis pelos seres humanos e um número muito reduzido de bits ou uma largura de banda muito pequena é atribuído a valores de sombra que os seres humanos podem diferenciar e que exigem mais bits/largura de banda para manter a mesma qualidade visual [14].

(b) Equalização de histogramas - A equalização de histogramas é basicamente um método de processamento de imagens utilizado para ajustar o contraste de uma imagem utilizando o histograma da imagem.

(c) O contraste global de muitas imagens é aumentado por este método, especialmente quando os valores que representam os dados utilizáveis da imagem têm um contraste próximo. As intensidades são distribuídas de uma melhor forma no histograma através deste ajuste. Como resultado, as áreas de menor contraste local podem ganhar um contraste mais elevado. Isto é conseguido através da distribuição efectiva dos valores de intensidade mais frequentemente utilizados. Esta técnica é muito utilizada para as imagens cujos fundos e primeiros planos são ambos claros ou escuros. A equalização do histograma [14] é uma técnica muito útil para a compensação da iluminação, mas só funciona bem com as imagens que são intensificadas ou escurecidas globalmente.

(d) Filtragem homomórfica - A iluminação não uniforme nas imagens é mais frequentemente corrigida através da filtragem homomórfica [14]. O modelo de iluminação-reflectância da formação de uma imagem estabelece que a intensidade em qualquer pixel é o produto da reflectância do(s) objeto(s) na cena e da iluminação da cena, ou seja

$$I(x, y) = R(x, y)L(x, y) \qquad (1.12)$$

(e) onde I é a imagem, R é a reflectância da cena e L é a iluminação da cena. O valor do componente de reflectância R depende das propriedades dos objectos da cena, mas o valor do componente de iluminação L depende das condições de iluminação que são utilizadas no momento da captura de uma imagem. O componente de reflectância R é mantido como está, enquanto o componente de iluminação L é removido para compensar a iluminação não uniforme na imagem. Na filtragem homomórfica, os componentes multiplicativos são primeiro transformados em componentes aditivos, passando-os para o domínio logarítmico.

$$\ln(I(x, y)) = \ln(L(x, y)) + \ln(R(x, y)) \qquad (1.13)$$

Em seguida, os componentes de iluminação de baixa frequência são removidos enquanto os componentes de reflectância de alta frequência são preservados utilizando um filtro passa-alto no domínio logarítmico.

1.4 Resumo

O capítulo 1 inclui a introdução básica à biometria e às várias formas de **tecnologias** biométricas **utilizadas no mundo atual para fins de autenticação e segurança.** A principal motivação subjacente à utilização da face humana como a forma mais comum de biometria é estudada juntamente com os vários desafios enfrentados pelos sistemas de reconhecimento facial. O capítulo também analisa os vários tipos de técnicas utilizadas para a supressão do efeito de iluminação.

1.5 Organização do relatório

O Capítulo 1 inclui a introdução básica ao reconhecimento facial na biometria e os vários desafios enfrentados pela tecnologia de reconhecimento facial. Também se centra nas várias técnicas utilizadas para a compensação do efeito da iluminação.

O Capítulo 2 analisa as técnicas existentes desenvolvidas pelos investigadores nos últimos anos para tornar os sistemas de reconhecimento facial insensíveis às variações de iluminação. São analisadas as várias lacunas das técnicas existentes e são formulados objectivos de investigação.

O Capítulo 3 apresenta uma nova técnica de normalização da iluminação baseada no rácio entre a amplitude do gradiente e a intensidade da imagem original. As características faciais são extraídas utilizando a fusão de descritores locais. A rede neural artificial é utilizada para a classificação.

O Capítulo 4 inclui os resultados experimentais obtidos com a aplicação da técnica proposta de invariante de iluminação na base de dados Extended Yale B e AR e as curvas ROC obtidas para várias técnicas.

O Capítulo 5 resume com uma discussão sobre os resultados obtidos nesta tese e indica as direcções futuras das contribuições da tese.

<h1 style="text-align:center">CAPÍTULO 2</h1>
<h1 style="text-align:center">ANÁLISE DA LITERATURA</h1>

2.1 Revisão da literatura

Há muito trabalho de investigação realizado no domínio do reconhecimento facial invariante em relação à iluminação, utilizando várias metodologias. Os investigadores utilizaram as diferentes técnicas e parâmetros para obter o melhor modelo que possa fornecer um sistema de reconhecimento facial invariante em relação à iluminação. A análise da literatura de diferentes investigadores é apresentada a seguir:

Chengjun Liu et al. em [15] apresentaram um novo classificador Gabor-Fisher (GFC) para reconhecimento facial. O método GFC funcionou através da aplicação do Modelo Discriminante Linear Fisher Melhorado (EFM) a um vetor de características de Gabor aumentado derivado da representação wavelet de Gabor de imagens de rosto. A abordagem principal foi a derivação de um vetor de características de Gabor aumentado, cuja dimensionalidade foi reduzida utilizando o EFM, considerando tanto a compressão de dados como o desempenho de reconhecimento (generalização). De seguida, desenvolveram um classificador Gabor-Fisher para problemas multi-classe. As imagens de rosto transformadas por Gabor produzem características que apresentam escala, localidade e seletividade de orientação. Foi efectuada a avaliação do desempenho do método GFC e de vários outros esquemas de reconhecimento facial. A viabilidade do novo método GFC foi testada com êxito no reconhecimento de faces utilizando 600 imagens de faces frontais FERET correspondentes a 200 indivíduos, que foram adquiridas sob iluminação e expressões faciais variáveis. O novo método GFC atingiu 100% de exatidão no reconhecimento facial utilizando apenas 62 características.

Chengjun Liu et al. em [16] propuseram uma técnica de Características de Gabor Independentes (IGFs) que foi utilizada para o reconhecimento facial. Os principais passos da técnica IGF foram: em primeiro lugar, as características independentes de Gabor foram derivadas na fase de extração de características. Em segundo lugar, na fase de reconhecimento de padrões, foi desenvolvido um método de classificação baseado no modelo de raciocínio probabilístico (PRM) das características IGF. Na técnica IGF, um vetor de características de Gabor foi obtido a partir de uma coleção que consiste em representações de wavelets de Gabor de imagens faciais com amostragem reduzida, depois a dimensionalidade do vetor foi reduzida pelo método de análise de partes principais e, na última fase, as características de Gabor independentes foram definidas com base na análise de componentes independentes (ICA). Estas características de Gabor possuem uma propriedade de independência que facilita a aplicação do método PRM para efeitos de classificação. Foram realizadas experiências com os conjuntos de dados FERET e ORL, nas quais a técnica IGF obteve uma precisão de 98,5% para o reconhecimento correto de rostos utilizando 180 características para o conjunto de dados FERET, e uma precisão de 100% para o conjunto de dados ORL utilizando 88 características.

Terrence Chen et al., em [17], apresentaram uma nova técnica para o reconhecimento de faces em condições de iluminação variáveis, incluindo condições de iluminação natural, baseada no modelo de variação total logarítmica (LTV). No modelo LTV, uma única imagem de face foi factorizada e obteve-se a estrutura facial invariante à iluminação, que foi depois utilizada para efeitos de reconhecimento de faces. As vantagens deste modelo são as seguintes: (1) Não é necessário assumir a iluminação; (2) Não é necessário um processo de treino. Foram alcançadas taxas de reconhecimento muito elevadas em bases de dados como Yale, CMU PIE, bem como numa base de dados de faces que contém 765 indivíduos em condições de iluminação exterior, utilizando o modelo LTV.

John Wright et al. em [18] propuseram um algoritmo de classificação geral para o reconhecimento de objectos com base na representação esparsa calculada por Z_t - minimização. Esta abordagem centrou-se principalmente em duas questões principais, ou seja, a extração de características e a robustez à oclusão. Mostraram que a escolha das características deixava de ser crítica se a esparsidade do problema de reconhecimento fosse corretamente aproveitada. O principal objetivo era que o número de características fosse suficientemente grande e que a representação esparsa fosse corretamente calculada. Os erros devidos à oclusão e à corrupção são frequentemente esparsos no que respeita à base de píxeis padrão e, por conseguinte, foram tratados uniformemente por esta abordagem.

Yu Su et al. em [19] propuseram um método de aprendizagem genérica adaptativa que se baseia na adaptação de um modelo discriminante genérico para diferenciar corretamente os indivíduos com uma única amostra de rosto. O método de aprendizagem genérica adaptativa resolveu o problema da amostra única por pessoa. O algoritmo de Representação Linear Acoplada (CLR) é um tipo particular de implementação do AGL. O CLR calcula a matriz de dispersão dentro da classe e a média da classe de cada pessoa cuja única amostra é registada com base no conjunto de treino genérico. Por conseguinte, o método convencional do **discriminante linear de Fisher** (FLD) pode ser utilizado para tarefas de amostra única por pessoa. O desempenho do método proposto foi avaliado na base de dados FERET e numa base de dados de rostos de passaportes, o que demonstrou que o método de aprendizagem genérico adaptativo obteve melhores resultados em comparação com várias outras soluções avançadas para o problema da amostra única por pessoa.

Amirhosein Nabatchian et al. em [20] propuseram um método baseado no modelo de iluminação-reflexão. Os invariantes de iluminação foram obtidos através da utilização de correspondência local para efeitos de classificação. O filtro máximo foi o melhor para obter a parte de reflectância da imagem que era invariante em termos de iluminação. A entropia e a informação mútua foram utilizadas como factores de ponderação para os classificadores ponderados de forma adaptativa. Os méritos do método são os seguintes:(1)não é necessária informação prévia(2)pode ser aplicado a uma única imagem(3)não são necessárias várias imagens na fase de treino. A máquina de vectores de apoio e os vizinhos mais próximos foram utilizados como classificadores. O método efectuou um reconhecimento facial eficiente em Yale B,
Bases de dados alargadas Yale B e CMU PIE.

Roberto Togneri et al., em [21], propuseram um método de identificação de faces baseado na regressão linear. Com base no conceito de que os padrões pertencentes à classe de um único objeto se encontram num subespaço linear, foi desenvolvido um modelo linear que representa uma imagem de sonda como uma coleção linear de galerias específicas da classe. O método dos mínimos quadrados foi utilizado para resolver o problema inverso e a decisão baseia-se na classe com o erro de reconstrução mínimo. O algoritmo foi avaliado numa série de bases de dados padrão e a sua eficiência foi comparada com vários métodos de ponta. Foi proposta uma abordagem LRC modular baseada num algoritmo de fusão de provas baseado na distância para resolver o problema da oclusão contígua. A abordagem LRC alcançou taxas de reconhecimento elevadas sem necessidade de etapas de pré-processamento, como a normalização ou a localização da face.

Biao Wang et al., em [22], apresentaram uma nova técnica baseada na **lei de Weber**, que afirmava que o rácio entre o fundo e a menor alteração perceptiva era constante, o que implicava que os estímulos eram percepcionados em termos relativos e não em termos absolutos. Foi obtida uma representação facial invariante da iluminação através de uma **imagem** de rácio, **denominada "face de Weber"**, na qual foi calculado um rácio entre a variação da intensidade local e o fundo. A face Weber teve um desempenho melhor do que as técnicas existentes quando foram efectuadas experiências nas bases de dados de faces CMU-PIE e Yale B.

Lei Zhang at al. em [23] salientou a utilização e a importância da representação colaborativa na classificação baseada na representação esparsa. A técnica SRC funcionou codificando primeiro a amostra de teste em termos de combinação linear esparsa de todas as amostras utilizadas no treino e, em seguida, a classificação da amostra de teste foi efectuada com base na classe com o erro de reconstrução mínimo. A precisão do reconhecimento facial no SRC foi efetivamente melhorada pela representação colaborativa e não pela l_1 -norm. Assim, foi proposta uma técnica muito eficaz, nomeadamente a classificação baseada na representação colaborativa com mínimos quadrados regularizados (CRC_RLS). O CRC_RLS regularizado em l_2 forneceu uma precisão comparável quando comparado com a classificação baseada na representação esparsa regularizada em l_1 e também teve uma menor complexidade. Os resultados experimentais revelam que o CRC_RLS foi 1600 vezes mais rápido do que o SRC sem comprometer a taxa de reconhecimento.

Georgios Tzimiropoulos et al. em [24] propuseram um método baseado no conceito de aprendizagem subespacial utilizando as orientações do gradiente da imagem (IGO). O tipo de ruído nos dados da imagem era bastante diferente do ruído gaussiano, o que resultava numa queda do desempenho dos métodos convencionais de aprendizagem subespacial baseados nas intensidades dos píxeis. A técnica proposta de aprendizagem do subespaço baseada na IGO utilizou orientações de gradiente em vez de intensidades de píxeis e a norma l_2 foi substituída por medidas de distância baseadas no cosseno. Em primeiro lugar, foi formulada e estudada a análise de componentes principais das orientações de gradiente da imagem. Em seguida, foi estabelecida a ligação da técnica baseada na IGO-PCA com as técnicas robustas existentes baseadas na PCA e foram derivadas várias outras técnicas famosas de aprendizagem de subespaços, tais como Laplacian Eigenmaps, Linear Discriminant Analysis, Locally Linear Embedding. As experiências mostraram que o método baseado em IGO superou vários outros métodos de ponta e foi robusto contra a iluminação e a oclusão.

Ping-Han Lee et al. em [25] propuseram uma nova técnica de equalização de histograma local orientado (OLHE) que compensava as variações de iluminação, mas ainda codificava a rica informação sobre as orientações das bordas. As orientações das bordas são muito úteis para o reconhecimento de faces. As vantagens desta técnica são: (1) a maioria das orientações dos bordos foi codificada (2) é mais compacta e tem uma boa capacidade de preservação dos bordos (3) tem um desempenho excecional em condições de iluminação extremas. Foi obtido um desempenho topo de gama nos conjuntos de dados AR, CMU PIE e Yale B alargado.

Bin Xu et al. em [26] apresentaram o método MGI como uma técnica de pré-processamento de imagem em que a invariante de iluminação multi-escala foi derivada do domínio do gradiente da imagem (MGI). O método MGI pode descobrir estruturas inerentes subjacentes do rosto, mantendo os detalhes necessários do rosto sob condições de iluminação variáveis. O método funciona transformando primeiro a imagem no domínio do gradiente, depois aplica-se a transformada wavelet nas imagens de gradiente nas direcções x,y, seguida da extração de uma medida MGI insensível à iluminação para efeitos de reconhecimento. Foram obtidas taxas de reconhecimento elevadas em todas as bases de dados, o que demonstrou a eficácia do algoritmo.

Nikan, S. et al., em [27], propuseram um novo algoritmo baseado em blocos para ultrapassar o efeito da oclusão do rosto nos casos em que só está disponível uma única amostra por pessoa. A imagem foi dividida em sub-blocos e o descritor de padrões binários locais foi utilizado para extrair características de textura distintas de cada um dos sub-blocos separadamente. A classificação local dos vários sub-blocos da imagem foi efectuada utilizando o Qui-Quadrado como métrica de semelhança do histograma. A fusão de decisões foi efectuada utilizando um esquema de votação por maioria ponderada. A entropia local foi utilizada para atribuir pesos aos resultados dos classificadores com base na quantidade de informação que cada sub-bloco de imagem fornece. As experiências foram realizadas na famosa base de dados de rostos AR, que mostrou que o algoritmo alcançou taxas de reconhecimento elevadas em comparação com os vários métodos mais avançados.

Vishal M. Patel et al. em [28] propuseram um método que utiliza o conceito de aproximações esparsas simultâneas em condições de iluminação e pose variáveis. O erro de representação foi reduzido com uma restrição de esparsidade através da aprendizagem de um dicionário para cada uma das classes com base nos exemplos utilizados no treino. Os vectores residuais obtidos ao projetar a imagem de teste para o intervalo dos átomos de cada dicionário aprendido foram utilizados para a classificação. Para ultrapassar as variações de iluminação, foi utilizada uma técnica de reiluminação de imagens baseada na estimativa do albedo, que permite obter várias imagens frontais do mesmo indivíduo sob iluminação variável. O algoritmo proposto teve um desempenho eficiente nas bases de dados publicamente disponíveis e foi capaz de reconhecer rostos com precisão mesmo com um número menor de amostras de treino.

Chan et al., em [29], propuseram um método de reconhecimento facial insensível à desfocagem baseado na Quantização de Fase Local (LPQ) e a eficácia da LPQ foi aumentada alargando-a a uma estrutura multiescala (MLPQ). Para tornar o sistema insensível ao desalinhamento, foi adoptada uma estrutura baseada em componentes para calcular o descritor MLPQ regionalmente. A fusão de kernel foi utilizada para combinar características regionais. Para obter a insensibilidade à iluminação, a representação MLPQ foi fundida com a quantização de fase local multi-escala, utilizando a fusão de kernel. A informação discriminativa das características combinadas foi obtida utilizando a Análise Discriminante de Kernel. A precisão foi ainda melhorada utilizando duas normalizações geométricas para produzir e combinar as pontuações múltiplas obtidas a partir das diferentes escalas de imagens de rostos. O desempenho do algoritmo foi avaliado utilizando as bases de dados Yale B, Extended Yale B, FERET, FRGCv2.0 e LFW, tendo sido obtidos melhores resultados em comparação com os métodos mais avançados.

Can-Yi Lu et al. em [30] propuseram uma classificação baseada em representação esparsa (SRC) para reconhecimento facial. O SRC é uma forma generalizada de subespaço de caraterística mais próxima e vizinho mais próximo. Os vários classificadores de características mais próximas (NFCs), tais como o vizinho mais próximo (NN), o plano de características mais próximo (NFP), o subespaço de características mais próximo (NFS) e a linha de características mais próxima (NFL) foram estudados e formulados como problemas gerais de otimização. Em seguida, foi proposta uma extensão do SRC, designada por classificação baseada na representação esparsa ponderada pela localidade (WSRC), na qual foram utilizadas a localidade e a linearidade dos dados, mas a codificação foi local. O algoritmo WSRC teve um desempenho mais eficaz do que o SRC quando testado nas populares bases de dados de rostos Extended Yale B, bases de dados AR e vários conjuntos de dados do repositório UCI.

Jianjun Qian et al., em [31], desenvolveram uma nova técnica de extração de características, os histogramas discriminativos da orientação dominante local (D-HLDO). Na D-HLDO, a decomposição do valor singular foi aplicada à coleção de vectores de gradiente sobre uma mancha local para extrair o mapa de orientação dominante local e o mapa de energia relativa que foram depois utilizados para obter as características do histograma concatenado. Finalmente, para obter as características discriminativas e de baixa dimensão e remover a informação redundante, foi utilizada a análise discriminante do vizinho mais próximo baseada na média local (LM-NNDA). O método proposto teve um desempenho eficaz nas bases de dados de imagens faciais AR, CMU-PIE e FRGCv2.0.

Aryaz Baradarani et al. em [32] desenvolveram um método baseado na otimização da iluminação e na filtragem DD-DTCWT. A imagem é basicamente uma combinação de componentes de reflectância e de iluminação. O método visa extrair a parte de reflectância da imagem de uma forma eficiente. Uma vez que a iluminação corresponde aos componentes de baixa frequência da imagem, foi utilizada a transformada wavelet complexa de dupla densidade e dupla árvore para separar com precisão os componentes de baixa e alta frequência da imagem. A DD-DTCWT tem três vantagens principais: (1) invariância de deslocação, (2) seletividade direcional, (3) enriquecida com ondulações extra. As sub-bandas correspondentes à alta frequência foram limadas e foi efectuada uma DD-DTCWT inversa nas sub-bandas para obter a imagem bruta de baixa frequência. Seguiu-se o processo de afinação fina. Finalmente, foi obtido um vetor de características após a extração da máscara. Em seguida, foi utilizada a técnica de análise de componentes principais para reduzir a dimensionalidade, seguida da utilização de uma máquina de aprendizagem extrema na fase de classificação para reconhecer a face sob iluminação variável. O desempenho do algoritmo foi avaliado em bases de dados como a Yale B, Extended-Yale B, CMU-PIE, FERET e AT&T e o método proposto revelou-se robusto face a um menor número de imagens utilizadas no ciclo de treino.

Meng Yang et al., em [33], propuseram um esquema de classificação e representação robusta baseado em características de Gabor (GRRC) para o reconhecimento de rostos. O método anterior de classificação baseada na representação esparsa (SRC) estava a mostrar resultados promissores para o reconhecimento robusto de faces com oclusão, especialmente com a introdução do dicionário de oclusão de identidade para codificar as partes ocluídas das imagens de faces, mas o método era computacionalmente muito dispendioso. As características de Gabor aumentaram o poder de discriminação e também tinham menos número de átomos do que o dicionário de oclusão de identidade. A utilização da norma l_2 em vez da norma l_1 para regularizar os coeficientes de codificação também reduz o custo computacional. O método GRRC teve um desempenho eficiente nas bases de dados de rostos comuns com variações de luz, pose, oclusão e expressão.

Soodeh Nikan et al., em [34], propuseram um algoritmo de reconhecimento facial insensível à iluminação que utiliza a combinação da normalização da imagem e descritores invariantes à iluminação para a extração de características. Foi calculado um rácio entre a amplitude do gradiente e a intensidade da imagem original para obter a representação insensível à iluminação da imagem da face. Em seguida, a imagem foi dividida em sub-blocos mais pequenos. Na fase de extração de características, foram utilizadas técnicas de quantização da fase local e de padrão binário local multi-escala para extrair as características das sub-regiões. A fusão ao nível da pontuação das medições de distância dos classificadores locais do vizinho mais próximo foi efectuada para encontrar a melhor correspondência. Em seguida, foi efectuada a fusão ao nível da decisão dos resultados das duas técnicas de correspondência. A probabilidade posterior da classe, a entropia e a informação mútua foram utilizadas como pesos dos componentes da fusão. Foram efectuadas experiências nas bases de dados Yale B, Extended Yale B, AR, MultiPIE e FRGC para mostrar o melhor desempenho do algoritmo em condições de iluminação severas. As principais vantagens foram: (1) baixa complexidade computacional (2) sem necessidade de reconstrução ou treinamento.

2.2 Formulação do problema

O problema centra-se na conceção de um sistema de reconhecimento facial invariante à iluminação. Embora o reconhecimento facial seja uma das tecnologias mais eficazes e amplamente utilizadas nos sistemas biométricos, os rostos são muito difíceis de falsificar. No entanto, a tecnologia de reconhecimento facial continua a deparar-se com vários desafios, tais como variações de iluminação, variações de pose, alterações das expressões, qualidade da imagem, etc.

A iluminação é um dos factores mais significativos que degradam o desempenho da maioria dos sistemas de reconhecimento facial existentes. A alteração das condições de iluminação provoca variações nas imagens dos rostos, que são irregulares e não podem ser modeladas com exatidão. O sombreado e a sombra nas imagens do rosto também variam com a alteração das condições de iluminação. As técnicas existentes de reconhecimento facial desenvolvidas pelos investigadores no passado para a supressão do efeito da iluminação são eficazes até certo ponto, mas não são capazes de lidar com grandes variações de iluminação e carecem de precisão de reconhecimento. Isto leva ao desenvolvimento de uma nova técnica de normalização da iluminação baseada em gradientes, juntamente com a fusão de extractores de características para desenvolver um sistema de reconhecimento facial que seja robusto contra as mudanças de iluminação.

2.3 Lacunas de investigação

> As técnicas existentes de reconhecimento facial desenvolvidas pelos investigadores no passado para a supressão do efeito da iluminação são eficazes até certo ponto, mas não são capazes de lidar com grandes variações de iluminação e carecem de precisão de reconhecimento.

> Anteriormente, a fusão de LBP e LPQ foi utilizada para extrair as características faciais devido à sua insensibilidade à iluminação, mas a técnica LPQ considera apenas a informação de fase e não é tida em conta qualquer informação relativa à magnitude. Requer uma função de propagação de pontos centralmente simétrica e o seu funcionamento está limitado apenas a imagens em escala de cinzentos. Além disso, a técnica é mais eficaz para imagens desfocadas.

> A métrica do qui-quadrado foi utilizada para efeitos de classificação, mas é muito sensível ao tamanho

da amostra e a sua eficiência diminui à medida que o tamanho da amostra aumenta.

> Este facto leva à investigação de uma nova técnica baseada na fusão que pode resolver os problemas das técnicas invariantes de iluminação existentes.

2.4 Objectivos

Com base nas lacunas de investigação existentes nas técnicas de reconhecimento facial com invariantes de iluminação, os objectivos da investigação são os seguintes

1. Estudar as técnicas existentes de reconhecimento de rostos com invariantes de iluminação.
2. Desenvolver uma técnica de reconhecimento facial invariante à iluminação utilizando a normalização da iluminação baseada no gradiente e a fusão de técnicas de extração de características.
3. Avaliar e comparar os resultados das técnicas propostas e das técnicas existentes.

2.5 Metodologia de investigação

A metodologia de investigação é uma forma sistemática de atingir os objectivos. O principal objetivo da investigação é melhorar a precisão do reconhecimento de sistemas de reconhecimento facial insensíveis à iluminação, utilizando a normalização da iluminação baseada em gradientes e a fusão de técnicas de extração de características locais. A implementação desta técnica de reconhecimento facial baseada na fusão será efectuada utilizando o software MATLAB Versão 8.1.0.604 (R2013a) nome da versão 2013 ano 15 de fevereiro de 2013 data de lançamento.

O MATLAB (Matrix Laboratory) é uma linguagem de alto desempenho utilizada para a computação técnica. A computação, a visualização e a programação estão integradas num ambiente fácil de utilizar, onde os problemas e as soluções são expressos em notação matemática familiar. Foi desenvolvida pela Math Works. É a ferramenta de ensino padrão para cursos introdutórios e avançados de Engenharia, Matemática e Ciências. As suas várias aplicações incluem o desenvolvimento de algoritmos, matemática e computação, modelação, simulação, análise de dados, etc.

As várias etapas envolvidas na implementação da técnica proposta são:

1. Inicialmente, são seleccionadas diferentes amostras de imagens de rostos da base de dados para a fase de pré-processamento.
2. É obtida uma representação de imagem insensível à iluminação com base no rácio entre a amplitude do gradiente e a intensidade da imagem original.
3. As características discriminantes das imagens de rostos são extraídas utilizando dois descritores de características locais - Local Binary e Local Ternary Patterns.
4. Depois de extrair as características LTP e LBP das imagens de rosto seleccionadas, procede-se à fusão ao nível das características extraídas, a fim de fundir as características obtidas a partir de ambos os descritores de textura locais.
5. As diferentes amostras de imagens de rostos são seleccionadas para a fase de treino da Rede Neuronal Artificial para efeitos de classificação posterior.
6. A classificação ANN é efectuada nas amostras de teste para a classificação das características extraídas

utilizando duas técnicas diferentes de extração de características.

7. Os resultados são avaliados após a realização da classificação ANN e comparados com as técnicas existentes de invariantes de iluminação para mostrar a eficiência da técnica proposta.

2.6 Resumo

O Capítulo 2 analisa as técnicas existentes desenvolvidas pelos investigadores nos últimos anos para tornar os sistemas de reconhecimento facial insensíveis às variações de iluminação. São analisadas as lacunas de investigação das técnicas existentes de reconhecimento facial invariante à iluminação. Com base nas deficiências dos métodos existentes, são definidos os objectivos de investigação deste trabalho de tese.

CAPÍTULO 3

TRABALHO PROPOSTO

3.1 Reconhecimento de rostos com invariantes de iluminação

O sistema proposto inclui uma técnica de reconhecimento de faces invariante em termos de iluminação local, que é uma combinação da normalização da iluminação baseada em gradientes e da fusão, ao nível das características, das características extraídas por um descritor invariante em termos de iluminação, o Local Binary Pattern [37] e a sua versão resistente ao ruído, o Local Ternary Pattern [9]. O estudo da literatura atual mostra que as taxas de reconhecimento das técnicas de reconhecimento facial são significativamente melhoradas com a fusão de técnicas de extração de características. A Figura 3.1 mostra a arquitetura geral da técnica proposta:

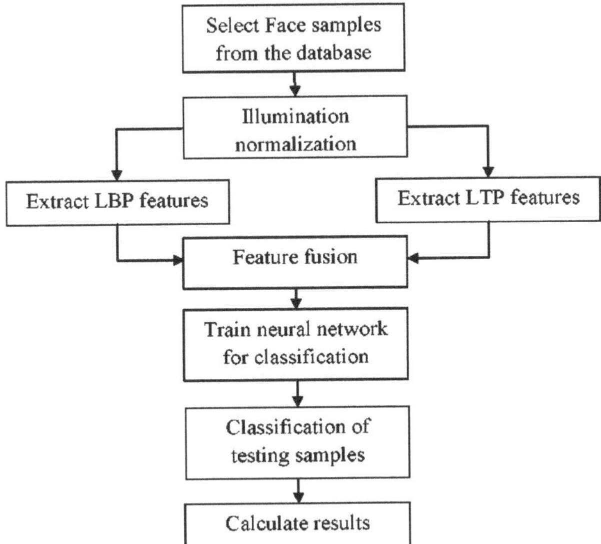

Figura 3.1 Diagrama geral da arquitetura da técnica proposta de invariante de iluminação

A técnica de invariante de iluminação proposta consiste nas seguintes etapas:

(1) Na fase de pré-processamento, a representação da imagem invariante da iluminação é obtida tomando o rácio entre a amplitude do gradiente e a intensidade original da imagem.

(2) Na fase de extração de características, as características da imagem são extraídas utilizando dois descritores de textura locais, ou seja, padrões binários locais e padrões ternários locais.

(3) A fusão ao nível das características extraídas através de duas técnicas diferentes é efectuada utilizando a normalização max-min e o processo de seleção de características.

(4) Na fase de classificação, a Rede Neuronal Artificial é utilizada para fazer corresponder as imagens de teste com as imagens da base de dados utilizadas durante a fase de treino.

3.1.1 Representação insensível à iluminação

São utilizados diferentes métodos de normalização de imagens para minimizar a influência das variações de iluminação no sistema de reconhecimento facial. No trabalho proposto, é utilizada uma técnica baseada no processamento do domínio do gradiente para obter a representação da imagem insensível à iluminação. O processamento no domínio do gradiente tem em consideração a dependência entre os pixéis e, por isso, a representação da imagem assim obtida é mais discriminativa [38].

O modelo Lambertiano de Reflectância de uma imagem afirma que

$$I(x, y) = R(x, y)L(x, y) \tag{3.1}$$

em que I (x,y) é o valor do pixel da imagem no ponto (x,y), R (x,y) é a reflectância e L (x,y) é o valor da luminância no mesmo local da imagem. L (x,y) corresponde à componente de baixa frequência da imagem e varia lentamente, enquanto R (x,y) muda abruptamente. Assim, **L (x+Δx,y) = L(x,y) e L (x,y+Δy) = L (x,y)**, o que implica

$$I(x + \Delta x, y) = R(x + \Delta x, y)L(x, y) \tag{3.2}$$

$$I(x, y + \Delta y = R(x, y + \Delta y)L(x, y) \tag{3.3}$$

Obtenção do gradiente X de I(x,y)

$$\frac{\partial I(x, y)}{\partial x} = L(x, y)\frac{\partial R(x, y)}{\partial x} \tag{3.4}$$

Obtenção do gradiente Y de I(x,y)

$$\frac{\partial I(x, y)}{\partial y} = L(x, y)\frac{\partial R(x, y)}{\partial y} \tag{3.5}$$

A amplitude do gradiente da imagem é dada por

$$GA = \sqrt{\left(\frac{\partial i(x, y)}{\partial x}\right)^2 + \left(\frac{\partial i(x, y)}{\partial y}\right)^2} \tag{3.6}$$

$$= \sqrt{(\frac{\partial R(x, y)}{\partial x}L(x, y))^2 + (\frac{\partial R(x, y)}{\partial y}L(x, y)^2} \tag{3.7}$$

$$= L(x, y)\sqrt{\left(\frac{\partial R(x, y)}{\partial x}\right)^2 + \left(\frac{\partial R(x, y)}{\partial y}\right)^2} \tag{3.8}$$

O efeito da iluminação é significativamente suprimido se for considerado o rácio entre a amplitude do gradiente e a intensidade da imagem original. Obtém-se uma representação de imagem robusta e insensível à iluminação, com maior poder de discriminação.

$$\frac{GA}{I} = \frac{L(x, y)\sqrt{\left(\frac{\partial R(x, y)}{\partial x}\right)^2 + \left(\frac{\partial R(x, y)}{\partial y}\right)^2}}{L(x, y).R(x, y)} \tag{3.9}$$

Para evitar a ambiguidade devida aos valores nulos da intensidade da imagem no rácio acima referido, tomamos a tan inversa do rácio, ou seja

As Figuras 3.2 e 3.3 mostram as imagens de amostra originais da base de dados Extended Yale B e AR e as correspondentes imagens normalizadas pela iluminação.

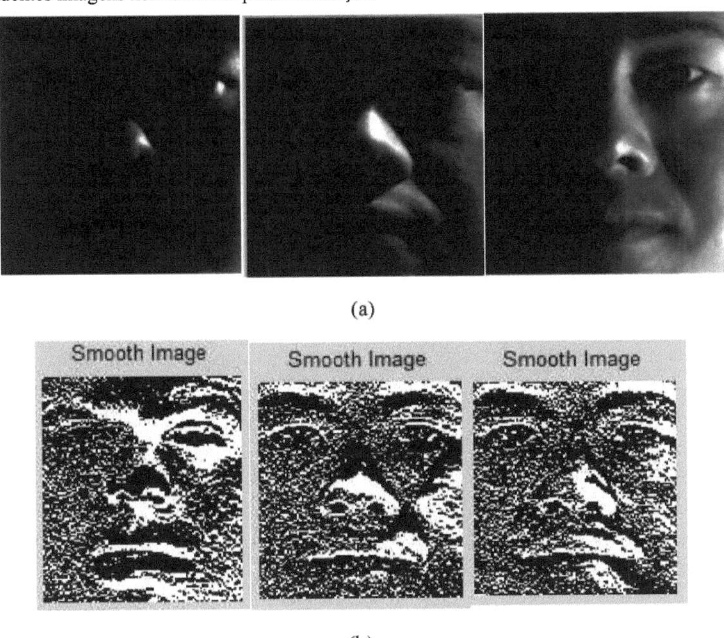

Figura 3.2 (a) Exemplo de imagens Yale B alargadas (b) resultados da normalização da iluminação

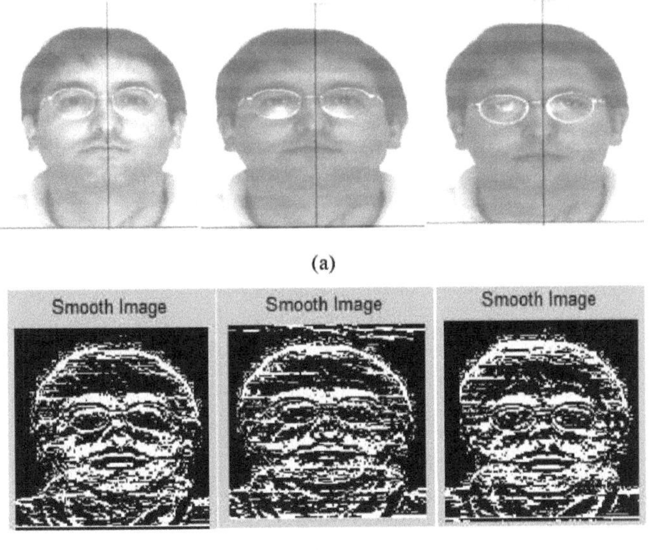

Figura 3.3 (a) Exemplos de imagens da base de dados de RA (b) resultados da normalização da iluminação

3.1. 2Extracção de características

A combinação de extractores de características proporciona um desempenho significativamente melhor do que a utilização de um descritor individual. Entre os extractores de características locais com desempenho significativo, o LBP e o LTP são utilizados no híbrido, uma vez que ambos os descritores são insensíveis à degradação da imagem e são computacionalmente rápidos.

3.1.2.1 Padrões binários locais

O padrão binário local [36] é amplamente utilizado nas aplicações de visão por computador. Este método foi introduzido pela primeira vez com o objetivo de analisar a textura, mas tem sido utilizado com êxito nos sistemas de reconhecimento facial como extrator de características locais. As características de textura são extraídas comparando cada pixel da imagem com os seus vizinhos numa pequena vizinhança. Os pixéis da pequena vizinhança são limados por comparação com o valor do pixel central. O resultado é um padrão binário que é depois convertido em forma decimal para obter uma etiqueta para o pixel central.

O LBP é utilizado numa série de tarefas, como a extração de características faciais, o reconhecimento facial, a classificação, etc. Nos últimos anos, o LBP tem sido cada vez mais utilizado em várias tarefas de visão computacional e de processamento de imagem.

Esta técnica não requer treino, pelo que é rápida e pode ser facilmente integrada em novos conjuntos de dados. É robusta contra variações monotónicas na imagem do rosto, uma vez que apenas são comparados os valores dos níveis de cinzento dos vizinhos. As características extraídas com LBP são altamente discriminativas devido aos diferentes níveis de localidade envolvidos. Por conseguinte, o LBP [35] é um dos descritores invariantes em termos de iluminação.

Anteriormente, o operador LBP era aplicável apenas a uma vizinhança de 3x3, mas mais tarde a técnica foi alargada para utilizar vizinhanças de diferentes tamanhos. Qualquer raio e número de pixéis são permitidos na vizinhança com a utilização de uma vizinhança circular e interpolação bilinear dos valores dos pixéis. Se R é o raio da vizinhança e P é o número de vizinhos que são comparados com o pixel central, então temos um padrão de P bits para cada pixel. Os padrões binários obtidos para cada sub-bloco da imagem são utilizados para criar os respectivos histogramas.

Apenas os padrões uniformes são tidos em consideração porque contêm muita informação discriminatória. Um padrão é uniforme se houver, no máximo, duas transições de bits de 0 para 1 ou de 1 para 0 quando o padrão binário é considerado circular [37]. Os padrões uniformes exemplares são 00000000, 00011110 e 10000011. A Figura 3.4 mostra um Padrão Binário Local básico e o seu equivalente decimal [36].

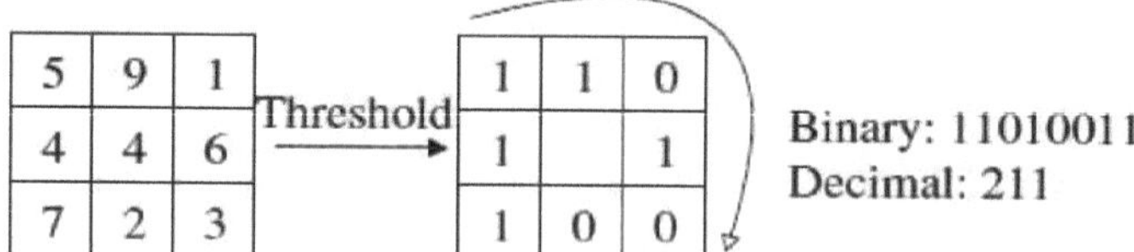

Figura 3.4 Padrões binários locais básicos e vizinhança circular

O vetor de características LBP é gerado da seguinte forma:

-A janela examinada é dividida em células (por exemplo, 16x16 pixéis para cada célula).

-Cada pixel de uma célula é comparado com cada um dos seus 8 vizinhos (em cima à esquerda, no meio à esquerda, em baixo à esquerda, em cima à direita, etc.). Os pixels são seguidos ao longo de um círculo, ou seja, no sentido dos ponteiros do relógio ou no sentido contrário.

-O valor do pixel correspondente é substituído por "0" quando o valor do pixel central é superior ao valor do vizinho **e, no caso contrário, é substituído por "1"** quando o **valor do pixel central é inferior ao valor do vizinho. Obtém-se assim um** número binário de 8 dígitos que é normalmente convertido para a forma decimal.

-Os histogramas são calculados sobre a célula para cada combinação em que os pixels são menores e maiores do que o centro. O histograma assim obtido é um vetor de características de 256 dimensões.

-Os histogramas de todas as células são concatenados. Assim, é gerado um vetor de características para toda a janela.

As figuras 3.5 e 3.6 mostram as imagens de amostra da base de dados Extended Yale B e AR e os resultados correspondentes da extração de características LBP

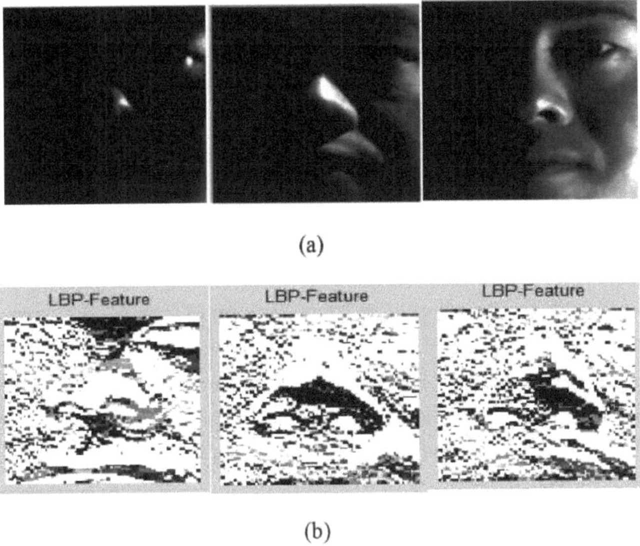

(a)

(b)

Figura 3.5 (a) Exemplo de imagens Yale B alargadas (b) Extração de características LBP

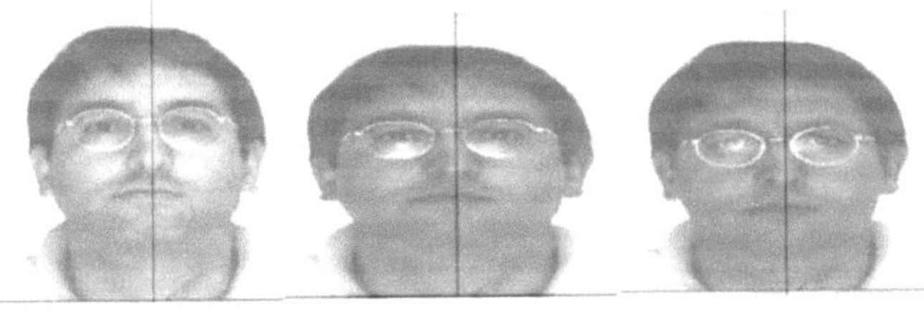

(a)

31

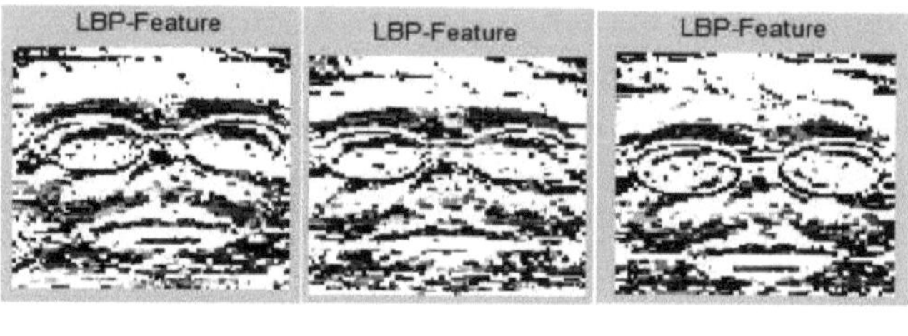

(b)

Figura 3.6 (a) Exemplo de imagens da base de dados AR (b) Extração de características LBP

3.1.2. 2Padrões ternários locais

O padrão binário local [36] é amplamente utilizado em muitos sistemas de reconhecimento facial devido à sua simplicidade e capacidade de clarificar variações. O LBP é sensível ao ruído porque mesmo uma pequena alteração do nível de cinzento do pixel central pode resultar em códigos diferentes para uma vizinhança numa imagem, particularmente para as regiões suaves. Para ultrapassar as limitações do LBP, foi introduzida uma extensão do LBP designada por Local Ternary Pattern (LTP). O padrão ternário local é uma versão resistente ao ruído do padrão binário local. Ambas as técnicas são utilizadas para codificar a diferença de intensidade entre o pixel central e os seus vizinhos. O LTP [22] ultrapassa o problema da sensibilidade ao ruído no LBP, codificando a pequena diferença nos pixéis num terceiro estado. Em vez de limiar os pixéis em 0 e 1 como no LBP, o LTP utiliza uma constante de limiar para limiar os pixéis em três valores. Considerando c como o valor do pixel central, k como a constante de limiar e p como o pixel vizinho, o resultado da limiarização é

$$s'(x) = \begin{cases} 1 & p > c + k \\ 0 & p > c - k \; and \; p < c + k \\ -1 & p < c - k \end{cases} \tag{3.12}$$

em que **k** é uma determinada constante de limiar e torna o código LTP mais robusto contra o ruído. Desta forma, o LTP atribui um dos três valores a cada um dos pixéis de limiar. Obtém-se um padrão ternário combinando os píxeis vizinhos após a limiarização. Se o histograma destes valores ternários for calculado, resultará numa grande amplitude, pelo que o padrão ternário é dividido em dois padrões binários. Obtém-se um descritor com o dobro do tamanho do LBP concatenando os histogramas destes dois padrões binários para cada célula. A Figura 3.7 mostra um padrão LTP básico com valor limiar [22] e um padrão ternário dividido em dois padrões binários [22].

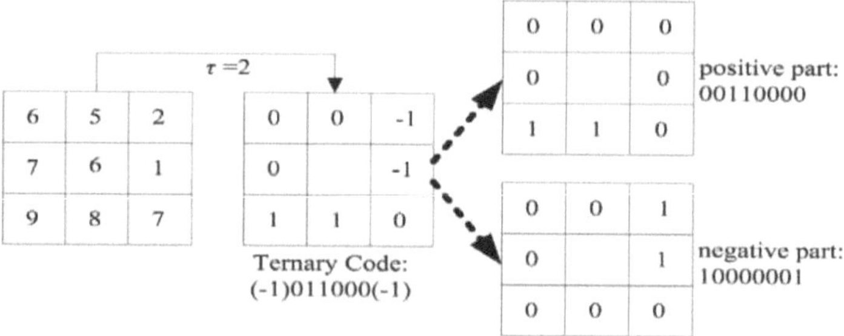

Figura 3.7 Padrão ternário local com t = 2

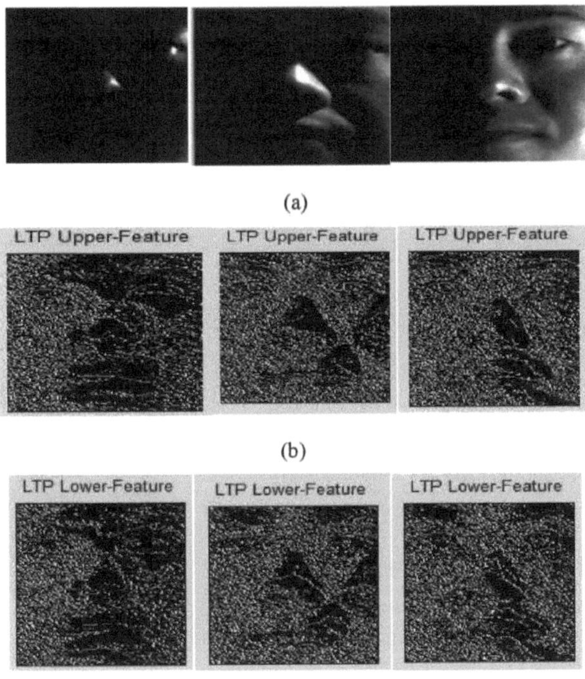

Figura 3.8 (a) Exemplo de imagens Yale B alargadas (b) Característica superior LTP (c) Característica inferior LTP

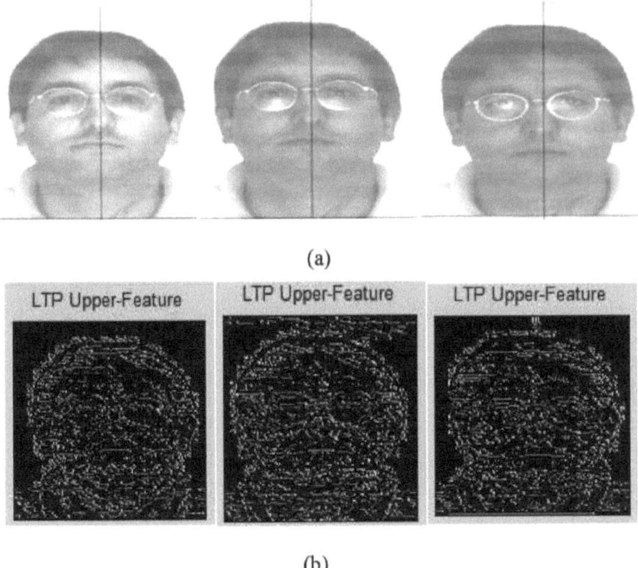

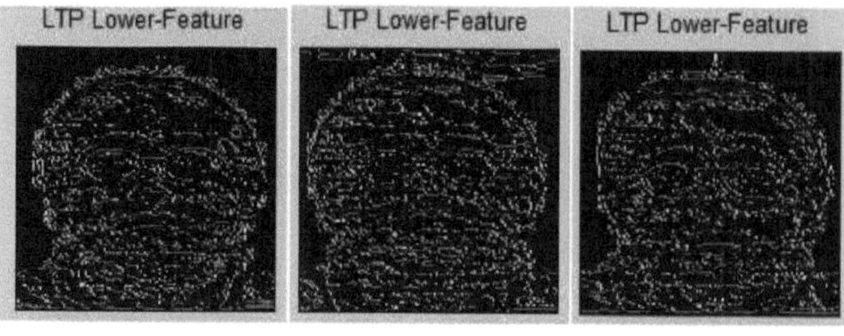

(c)

Figura 3.9 (a) Exemplo de imagens da base de dados AR (b) Característica superior LTP (c) Característica inferior LTP

As figuras 3.9 e 3.10 mostram as imagens de amostra originais da base de dados Extended Yale B e AR e os resultados correspondentes da extração de características superior e inferior do LTP. Assim, o padrão ternário local é um descritor mais longo e contém mais informações sobre as características, em comparação com os padrões binários locais. Ultrapassa o problema da sensibilidade ao ruído dos padrões binários locais.

3.1. 3Fusão ao nível das características

A fusão ao nível das características [4] é menos explorada, apesar de ser mais fácil de calcular e de se esperar que proporcione melhores resultados de reconhecimento. O nível de extração de características fornece muito mais informações para a autenticação do pessoal do que o nível de pontuação correspondente ou o nível de decisão. Geralmente, a fusão ao nível das características é utilizada pelos sistemas biométricos multimodais para diferentes biometrias, mas neste trabalho a fusão ao nível das características é utilizada para a mesma biometria, ou seja, a face. São utilizadas duas técnicas diferentes de extração de características para a biometria da face. Os dados obtidos a partir de cada uma das técnicas de extração de características são utilizados para calcular o vetor de características fundido. O vetor de características obtido a partir das duas técnicas diferentes de extração de características pode ser concatenado para produzir um novo vetor de características. O novo vetor de características assim obtido é um vetor de características de elevada dimensão com mais informações que são necessárias para a tomada de decisões.

Os conjuntos de características das duas técnicas de extração de características são primeiro pré-processados, seguindo-se a extração de características independentemente de cada técnica, formando assim um vetor de características. A concatenação destes dois vectores forma um novo vetor de características. Os vectores de características obtidos a partir das duas técnicas diferentes podem variar em comprimento, pelo que é utilizada a normalização max-min [39] para ajustar o seu alcance a um domínio comum. Seja x o **vetor de características antes da normalização e x' após a normalização. A** normalização max-min é efectuada da seguinte forma:

$$x' = \frac{x - \min(F_x)}{\max(F_x) - \min(F_x)} \tag{3.13}$$

em que F_x representa a função que gera x, e $\max(F_x)$ e $\min(F_x)$ representam os valores máximo e mínimo, respetivamente, para todos os x possíveis. Os vectores de características normalizados são depois concatenados. Isto resulta num vetor de características de dimensão muito grande devido à presença de dados ruidosos ou redundantes, o que leva a uma diminuição do desempenho. Para ultrapassar este problema, é aplicado um processo de seleção de características que escolhe um subconjunto ótimo de características a partir de um grande conjunto de características.

3.1. 4Classificação por   redes neurais artificiais

A classificação por Redes Neuronais Artificiais [40] é uma forma de aprendizagem supervisionada. É o processo de aprender a separar amostras em diferentes classes, encontrando as características comuns entre as amostras de classes conhecidas. O desempenho exato ou não do sistema pode ser identificado a partir das etiquetas das classes conhecidas. Esta informação pode ser utilizada para validar a precisão do sistema, para indicar a resposta desejada do sistema ou para ajudar o sistema a aprender a comportar-se corretamente.

As redes neuronais artificiais são uma técnica de classificação muito utilizada e robusta que pode ser utilizada para aproximar várias funções de valor real, de valor discreto e de valor vetorial. Neste trabalho, é utilizada uma rede neural artificial constituída por duas camadas. O algoritmo de retropropagação utilizado para a aprendizagem na rede neural artificial tenta minimizar a função de erro quadrático. A Figura 3.11 mostra a rede neural artificial básica com um número n de entradas [40].

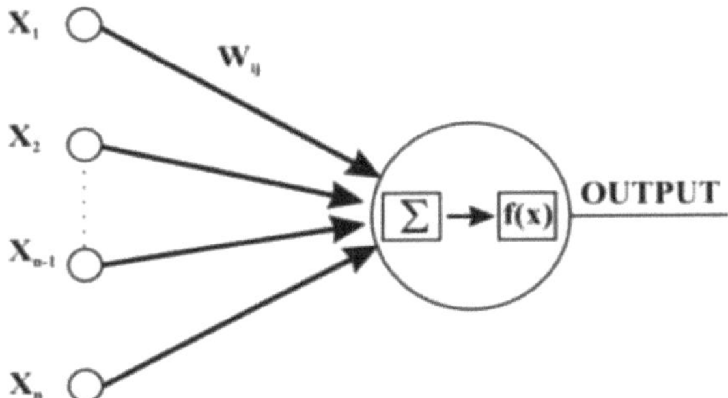

Figura 3.10 Rede Neural Artificial

Consideremos um exemplo de formação de um sistema de reconhecimento facial em que $[x_1, \ldots \ldots, x_{n-1}, x_n]$ é a entrada, ou seja, o vetor de características da imagem de uma pessoa e ys é a imagem facial de saída da pessoa. O algoritmo de retropropagação é utilizado para treinar os pesos. O erro quadrático entre os valores de saída da rede e os valores-alvo dessas saídas é reduzido pelo algoritmo de descida do gradiente utilizado pela rede neural de retropropagação. A soma do erro em todas as unidades de saída da rede é definida por:

$$E(w) = \frac{1}{2} \sum_{k \in D} \sum_{i \in outputs} (t_{ik} - o_{ik})^2 \qquad (3.14)$$

em que D é o conjunto de treino, as saídas são as unidades de saída na rede e t_{ik} e o_{ik} são os valores alvo e de saída associados à **i-ésima** unidade de saída e ao exemplo de treino k. Considere-se um peso específico w^na rede, que é atualizado para cada exemplo de treino da seguinte forma

$$\Delta w_{ji} = -\eta \frac{\partial E_d}{\partial w_{ji}} \tag{3.15}$$

$$w_{ji} = w_{ji} + \Delta w_{ji} \tag{3.16}$$

Onde Wyi é o peso associado à i-ésima unidade de entrada para a unidade j da rede e T] é a taxa de aprendizagem.

A classe correcta de cada registo é conhecida na fase de formação (formação supervisionada), pelo que os valores correctos podem ser atribuídos aos nós de saída. É atribuído um "1" a um nó correspondente à classe correcta e um "0" aos restantes. Assim, os valores calculados pela rede para os nós de saída e estes valores "correctos" atribuídos podem ser comparados e pode ser calculado um termo de erro para cada nó (a regra "Delta"). Os pesos das camadas ocultas são então ajustados utilizando estes termos de erro, de modo a que, nas iterações sucessivas, os valores de saída estejam mais próximos dos valores "correctos".

3.2 Resumo

O Capítulo 3 apresenta uma nova técnica de normalização da iluminação baseada no rácio entre a amplitude do gradiente e a intensidade da imagem original. As características faciais são extraídas utilizando a fusão de descritores locais, ou seja, padrões binários locais e padrões ternários locais. Para a fase de reconhecimento, é utilizada uma rede neural artificial devido à sua natureza de aprendizagem iterativa.

CAPÍTULO 4

RESULTADOS E DISCUSSÕES

A técnica proposta de reconhecimento facial invariante à iluminação utiliza imagens faciais de diferentes indivíduos em condições de iluminação variáveis. O desempenho é avaliado com base nas curvas das Características de Funcionamento do Recetor e na Precisão de Reconhecimento, que significa a probabilidade de uma amostra ser corretamente identificada. São efectuadas experiências com os conjuntos de dados Extended Yale B e AR para mostrar a eficiência da técnica proposta.

4.1 Avaliação do desempenho

A avaliação do desempenho baseia-se nas características extraídas para as imagens de rostos em diferentes condições de iluminação. Os vectores de características obtidos a partir dos dois descritores de textura locais são utilizados para fazer corresponder as imagens de teste às imagens da base de dados utilizadas durante o treino. Obtém-se uma representação de imagem invariante à iluminação tomando o rácio entre a amplitude do gradiente e a intensidade da imagem original. As características faciais únicas são extraídas utilizando dois descritores de características locais: os padrões binários locais e os padrões ternários locais. O padrão binário local é a técnica de extração de características mais bem sucedida, mas é muito sensível ao ruído. Para resolver o problema da sensibilidade ao ruído dos padrões binários locais, é utilizada uma versão do LBP resistente ao ruído, designada por padrões ternários locais. Na fase de classificação, a rede neural artificial é utilizada numa arquitetura em cascata para fazer corresponder as imagens de teste às imagens da base de dados. A Figura 4.1 mostra os resultados obtidos após a normalização da iluminação e a extração de características utilizando padrões binários locais e padrões ternários locais. A técnica proposta de invariante de iluminação atinge uma precisão de reconhecimento de 99,41% e 99,1% na base de dados Extended Yale B e AR, como se mostra na tabela 4.1 e 4.2, respetivamente.

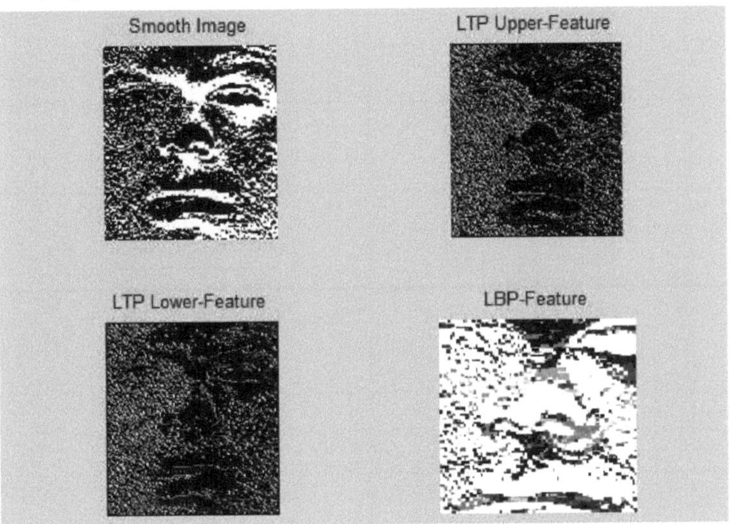

Figura 4.1 Resultados da normalização da iluminação e da extração de características utilizando LBP e LTP

4.2 Base de dados de rostos e resultados da simulação

Descrição da base de dados Yale B alargada - A base de dados Yale B é composta por 5760 imagens de rostos de dimensões 192x168 pixéis para 10 indivíduos com 9 poses diferentes e 64 condições de iluminação diferentes por pose. A base de dados Yale B alargada [38] é uma versão alargada da base de dados Yale B com imagens de 10 a 38 indivíduos com 21888 imagens sob luz única e nas mesmas condições de visualização que em Yale B.

Cinco imagens por indivíduo são escolhidas aleatoriamente da base de dados como imagens de galeria, enquanto as restantes imagens são utilizadas como conjunto de sondas. A experiência é repetida 50 vezes, devido à seleção aleatória das amostras da galeria, para medir o desempenho e a insensibilidade à iluminação da técnica proposta. A Tabela 4.1 resume a exatidão do reconhecimento das sete técnicas comparadas. A técnica LBP alcançou uma precisão de reconhecimento mais elevada de 80% do que as técnicas Gabor PCA e Gabor FLD, com uma precisão de reconhecimento de 73,9% e 64,3%, respetivamente. As exactidões de reconhecimento da IGO-PCA e da IGO-LDA são comparáveis, com valores de 95,65% e 97,80%, respetivamente. A técnica proposta atinge a maior precisão de 99,4%, enquanto a segunda maior precisão é obtida pela técnica LBP-LPQ. A figura 4.1 mostra a comparação das taxas de reconhecimento das várias técnicas obtidas com a base de dados Yale B alargada. A figura 4.2 mostra as diferenças de correspondência entre os diferentes modelos das diferentes pessoas. Os resultados experimentais obtidos indicam claramente que a técnica proposta tem um desempenho superior ao de todas as técnicas comparadas.

Tabela 4.1 Percentagem de exatidão de várias técnicas na base de dados Yale B alargada.

METHOD	RECOGNITION ACCURACY (%)
LBP[17]	80
Gabor-PCA[16]	73.9
Gabor-FLD[15]	64.3
IGO-PCA[24]	95.65
IGO-LDA[24]	97.80
LBP-LPQ[34]	98.30

Proposed method	99.41

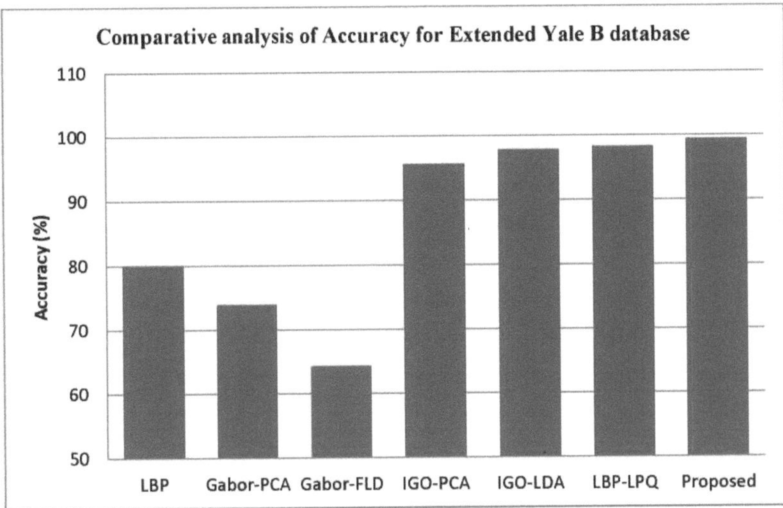

Figura 4.2 Análise comparativa da exatidão do reconhecimento na base de dados alargada Yale B

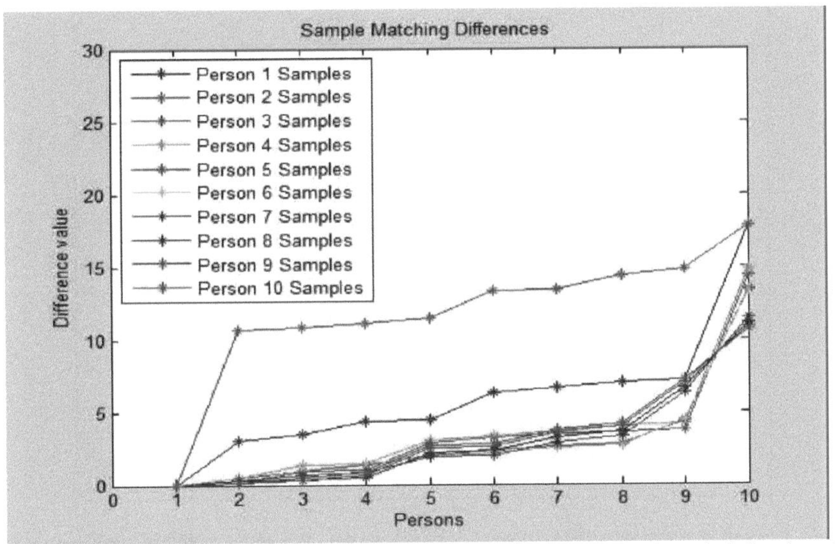

Figura 4.3 Diferenças de correspondência de amostras do método proposto na base de dados alargada

Yale B

Descrição da base de dados de RA - A base de dados de rostos de RA [38] inclui 3536 imagens de rostos de 136 indivíduos, dos quais 60 são mulheres e 76 são homens. A base de dados é composta por imagens alinhadas com os olhos, com dimensões de 168x120 pixéis, com variações nas condições de iluminação como a iluminação do lado direito, do lado esquerdo ou de todos os lados, diferentes expressões faciais como neutro, grito, sorriso e raiva, e oclusões parciais como lenço ou óculos de sol.

Sete imagens não oclusivas por indivíduo com diferentes expressões faciais são tomadas como imagens de galeria e sete imagens não oclusivas são utilizadas como conjunto de sondas para determinar a eficiência da técnica proposta.

As taxas de reconhecimento do SRC e do WSRC são comparáveis, com valores de 94,7% e 94,43%, respetivamente. As técnicas DFR e CRC-RLS estão a ter as mesmas taxas de reconhecimento de 93,7%. A técnica proposta está a ter a maior precisão de reconhecimento de 99,1%, o que é comparável com as técnicas LBP-MV e LBP-LPQ, que têm uma precisão de reconhecimento de 99%.

Tabela 4.2 Percentagem de exatidão de várias técnicas na base de dados AR

METHOD	RECOGNITION ACCURACY (%)
SRC[18]	94.7
WSRC[30]	94.43
D-HLDO[31]	93
DFR[28]	93.7
GRRC-L2[33]	97.3
CRC-RLS[23]	93.7
LBP-MV[27]	99
LBP-LPQ[34]	99
Proposed method	99.1

A figura 4.3 mostra a comparação das taxas de reconhecimento das várias técnicas obtidas com a base de dados AR. A figura 4.4 mostra as diferenças de correspondência entre as diferentes silhuetas das diferentes pessoas. Claramente, a técnica proposta supera de forma consistente todas as outras técnicas, alcançando a maior precisão de reconhecimento em ambas as bases de dados sob diferentes iluminações.

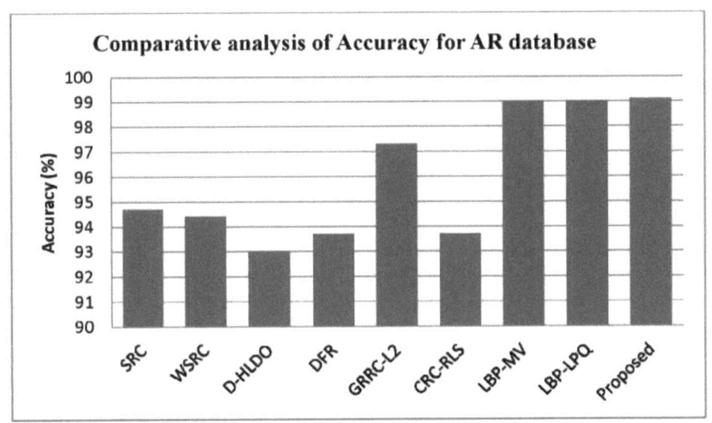

Figura 4.4 Comparação das taxas de reconhecimento de vários métodos na base de dados AR

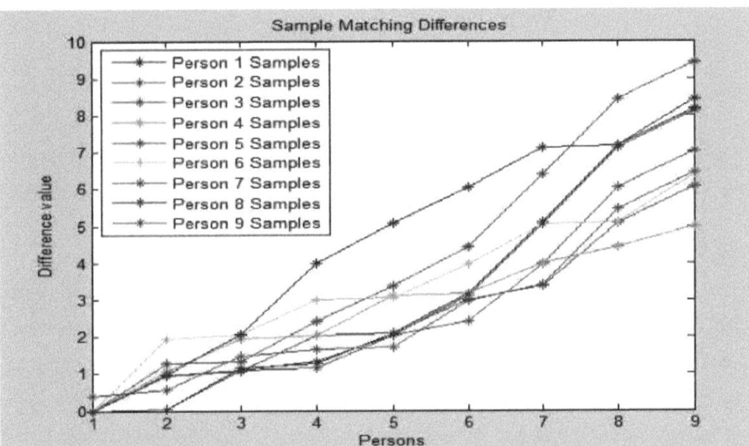

Figura 4.5 Diferenças de correspondência de amostras do método proposto na base de dados AR

A tabela 4.3 mostra as diferentes taxas de reconhecimento obtidas para a base de dados AR quando o número de amostras de treino é variado e a figura 4.6 mostra a curva correspondente para as diferentes taxas de reconhecimento.

Tabela 4.3 Exatidão do reconhecimento com diferentes números de amostras de treino

Number of samples	Recognition Accuracy (%)
36	75
54	83.33
72	87.5

90	90
108	99.1

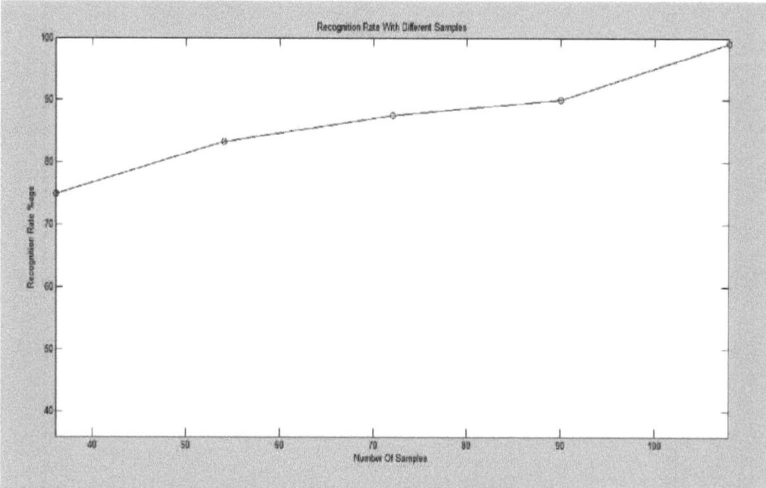

Figura 4.6 Taxas de reconhecimento com um número variável de amostras na base de dados AR

4.3 Curva Característica de Funcionamento do Recetor (ROC)

A curva ROC é um gráfico que demonstra a capacidade de distinção de um classificador binário à medida que o valor do limiar de discriminação é variado. As curvas ROC são utilizadas numa variedade de tarefas, como a avaliação do desempenho de tarefas de visão por computador, para comparar vários algoritmos de deteção de bordos ou para a avaliação do desempenho das redes neuronais artificiais na imagiologia médica. Uma curva obtida traçando os valores da taxa de verdadeiros positivos (TPR) contra os valores da taxa de falsos positivos em diferentes limiares é designada por curva ROC. A taxa de falsos positivos é também designada por fall out ou probabilidade de falso alarme. Assim, a sensibilidade é representada como uma função da queda na curva ROC. Se as distribuições de probabilidade para a taxa de verdadeiros positivos e para a taxa de falsos positivos forem conhecidas, então, traçando a função de distribuição cumulativa da probabilidade de falsos alarmes ao longo do eixo x e a função de distribuição cumulativa da probabilidade de deteção ao longo do eixo y, pode ser gerada a curva ROC. A função de distribuição cumulativa é basicamente a área sob a distribuição de probabilidade de - oo até ao limiar de discriminação. A curva ROC é basicamente o gráfico de duas características de funcionamento TPR e FPR, daí o nome curva das características de funcionamento relativas. Diz-se que um método com um valor grande de TPR e um valor pequeno de FPR tem uma boa capacidade de verificação e discriminação [41].

São efectuadas várias experiências com duas bases de dados de rostos populares, a AR e a Yale B alargada, e são traçadas as curvas ROC para várias abordagens existentes insensíveis à iluminação e para a técnica proposta. A tabela 4.3-4.4 mostra os valores calculados da taxa de verdadeiros positivos (TPR) e da taxa de falsos positivos (FPR) para a base de dados Extended Yale B e AR e a figura 4.5-4.6 mostra as curvas correspondentes da caraterística de funcionamento do recetor para as duas bases de dados utilizando a técnica proposta. O método proposto, baseado na normalização da iluminação com base no gradiente e na técnica híbrida de extração de características LBP-LTP, apresenta a maior área sob a curva ROC e supera as outras técnicas mais avançadas de reconhecimento facial invariante da iluminação devido às suas excelentes capacidades de verificação e discriminação.

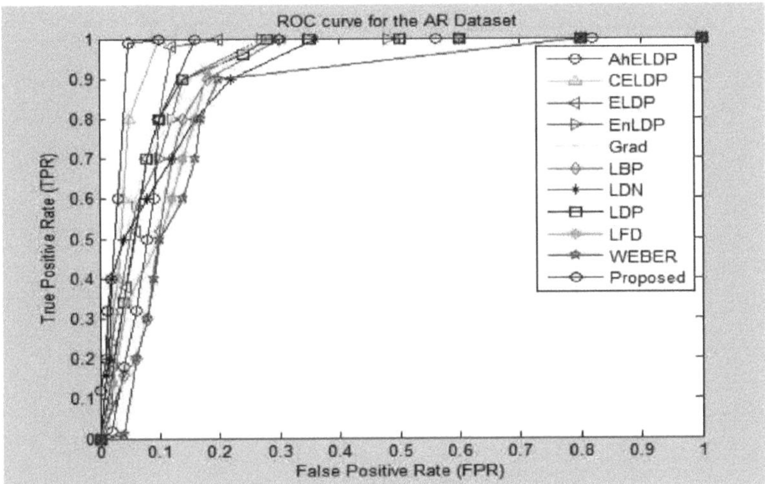

Figura 4.7 Curvas ROC para a base de dados AR

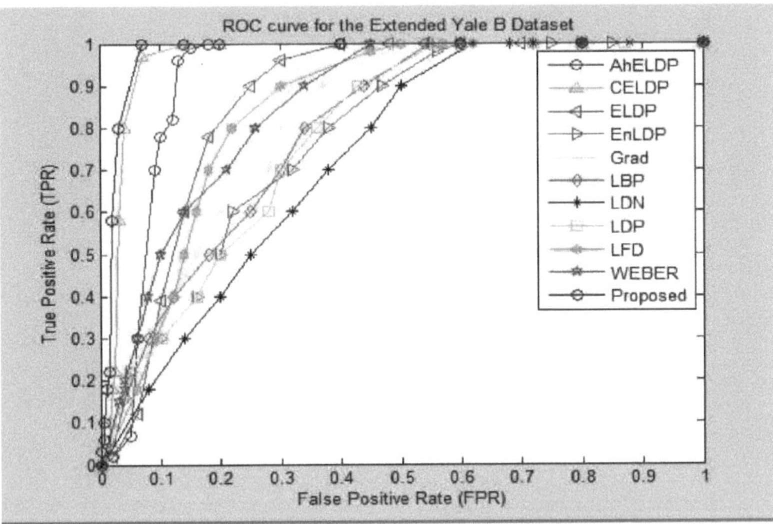

Figura 4.8 Curvas ROC para a base de dados alargada Yale B

4.4 Resumo

O capítulo 4 inclui os resultados experimentais obtidos com a aplicação da técnica proposta de invariante de iluminação na base de dados Extended Yale B e AR. A técnica proposta supera várias outras técnicas existentes de reconhecimento facial com invariante de iluminação em termos de exatidão do reconhecimento. As curvas ROC para ambas as bases de dados mostram que a técnica proposta está a ter a maior área sob a curva com um grande valor de TPR e um pequeno valor de FPR. Assim, a técnica proposta tem um desempenho notável em comparação com outras técnicas existentes.

CAPÍTULO 5

CONCLUSÃO E ÂMBITO FUTURO

5.1 Conclusão

Durante a última década, o domínio do processamento de imagens e do reconhecimento de padrões cresceu a um ritmo muito rápido. Com os rápidos avanços da tecnologia, a necessidade de um sistema de identificação e verificação de pessoas altamente seguro está a tornar-se proeminente devido ao aumento dos níveis de violação da segurança e de fraudes nas transacções. Por estas razões, a procura de sistemas de autenticação biométrica altamente seguros tem aumentado. O rosto humano é a forma de biometria mais utilizada devido à sua natureza não intrusiva e à sua elevada taxa de sucesso. No entanto, vários factores, como a iluminação, as variações de pose, as oclusões, etc., limitam o desempenho dos sistemas de reconhecimento facial. Para resolver o problema da variação da iluminação, é necessário desenvolver sistemas de reconhecimento facial que sejam invariantes às variações da iluminação.

O objetivo desta tese é desenvolver um sistema de reconhecimento facial invariante à iluminação, juntamente com uma extração eficiente de características e uma classificação rápida baseada em RNA. As variações de iluminação afectam o desempenho dos sistemas de reconhecimento facial, alterando a aparência do rosto e reduzindo assim as taxas de reconhecimento. Para lidar com as variações de iluminação, a técnica de normalização da iluminação baseada em gradientes é utilizada para remover a componente de luminância de forma superior. Os histogramas locais insensíveis à iluminação são extraídos utilizando o padrão binário local, que é insensível a variações monotónicas da escala de cinzentos, e a sua versão resistente ao ruído, o padrão ternário local. As características extraídas das duas técnicas são consolidadas num único conjunto de características utilizando a fusão ao nível das características e classificadas utilizando Redes Neuronais Artificiais. Os resultados obtidos mostram que:

(i)   É alcançada uma precisão de reconhecimento de 99,41% na base de dados Yale B alargada.

(ii)   É alcançada uma precisão de reconhecimento de 99,1% na base de dados AR

5.2 Âmbito futuro

Uma vez que o domínio do reconhecimento facial invariante da iluminação é ainda imaturo, existem muitas opções para o trabalho futuro nesta área. O trabalho pode ser realizado para desenvolver a técnica de redução das variações causadas pelas sombras sob iluminação variável, para efetuar a normalização da iluminação na presença de mudanças de pose e oclusão. Neste trabalho, a normalização da iluminação foi aplicada à imagem completa da face, podendo ser feito um trabalho para estudar o efeito da normalização da iluminação em sub-blocos de imagem sobrepostos e concatenar os blocos sobrepostos processados para obter a imagem resultante da face normalizada. A técnica desenvolvida neste trabalho foi aplicada a imagens fixas, podendo-se trabalhar no sentido de a aplicar também a sequências de vídeo.

REFRÊNCIAS

[1]   Jain, Anil K., Arun Ross e Salil Prabhakar. "An introduction to biometric recognition." IEEE Transactions

on circuits and systems for video technology, vol. 14, no. 1, pp. 4-20, 2004.

[2] Yang, Ming-Hsuan, David J. Kriegman e Narendra Ahuja. "Deteção de rostos em imagens: A survey". IEEE Transactions on pattern analysis and machine intelligence , vol. 24, no. 1, pp. 34-58, 2002.

[3] Ochoa-Villegas, Miguel A., Juan A. Nolazco-Flores, Olivia Barron-Cano e Ioannis A. Kakadiaris. "Addressing the illumination challenge in two-dimensional face recognition: a survey." IET Computer Vision , vol. 9, no. 6, pp. 978-992, 2015.

[4] Dinca, Lavinia Mihaela, e Gerhard Petrus Hancke. "The Fall of One, the Rise of Many: A Survey on Multi-Biometric Fusion Methods" (Uma pesquisa sobre métodos de fusão multibiométrica). IEEE Access 5, pp. 6247-6289, 2017

[5] Oloyede, Muhtahir O., e Gerhard P. Hancke. "Sistemas de deteção biométrica unimodal e multimodal: uma revisão". IEEE Access 4, pp. 7532-7555, 2016.

[6] Phillips, P. Jonathon, J. Ross Beveridge, David S. Bolme, Bruce A. Draper, Geof H. Givens, Yui Man Lui, Su Cheng, Mohammad Nayeem Teli e Hao Zhang. "On the existence of face quality measures." Em Biometrics: Teoria, Aplicações e Sistemas (BTAS), 2013 IEEE Sixth International Conference on, pp. 1-8. IEEE, 2013

[7] Li, Billy YL, Ajmal S. Mian, Wanquan Liu e Aneesh Krishna. "Usando o kinect para reconhecimento facial sob diferentes poses, expressões, iluminação e disfarce." Em Aplicações de visão computacional (WACV), 2013 IEEE Workshop on, pp. 186-192. IEEE, 2013.

[8] Beham, M. Parisa, S. Mohammed Mansoor Roomi e J. Alageshan. "Reconhecimento facial invariante de iluminante baseado em wavelet - uma revisão". Em Inteligência Computacional e Pesquisa em Computação (ICCIC), 2013IEEEInternationalConferenceon,pp.1-6. IEEE, 2013.

[9] **Athinodoros S. Georghiades e Peter N. Belhumeur, "From Few to many: Illumination cone models for face recognition under variable lighting and pose", IEEE** Transactions on Pattern Analysis and Machine Intelligence, Vol.23, No.6, pp 643-660, 2001.

[10] Pai, Ashwini G., Steven L. Fernandes, Keerthan Nayak, K. K. Accamma, K. Sushmitha e Kushala Kumari. "Reconhecimento de rostos humanos sob diferentes graus de iluminação: A comprehensive survey". Em Sistemas Electrónicos e de Comunicação (ICECS), 2ª Conferência Internacional de 2015, pp. 577-582. IEEE, 2015.

[11] Zhang, Taiping, Yuan Yan Tang, Bin Fang, Zhaowei Shang e Xiaoyu Liu. "Reconhecimento facial sob iluminação variável usando faces gradientes". IEEE Transactions on Image Processing, vol.18, n.º 11, pp. 2599-2606, 2009.

[12] **W. Chen, M. J. Er e S. Wu, "Illumination compensation and normalization for robust** face recognition using discrete cosine transform in logarithm **domain",** IEEE Trans. Syst., Man, Cybern B: Cybern., vol.36, no. 2, pp. 458-466, Abr. 2006.

[13] Wang, Haitao, Stan Z. Li e Yangsheng Wang. "Reconhecimento facial em condições de iluminação variáveis usando imagem de quociente próprio". Em Reconhecimento Automático de Rosto e Gestos, 2004. Actas. Sexta Conferência Internacional do IEEE, pp. 819-824. IEEE, 2004.

[14] Liu, Dang-Hui, Kin-Man Lam e Lan-Sun Shen. "Illumination invariant face recognition." Pattern

Recognition, vol. 38, no. 10, pp.1705-1716, 2005.

[15] Liu, Chengjun, e Harry Wechsler. "Classificação baseada em características de Gabor usando o modelo discriminante linear de fisher aprimorado para reconhecimento facial". IEEE Transactions on Image processing, vol. 11, n.º 4, pp. 467-476, 2002.

[16] Liu, Chengjun, e Harry Wechsler. "Análise de componentes independentes de características de Gabor para reconhecimento facial". IEEE transactions on neural networks, vol.14, no.4, pp. 919928, 2003.

[17] Chen, Terrence, Wotao Yin, Xiang Sean Zhou, Dorin Comaniciu e Thomas S. Huang. "Modelos de variação total para reconhecimento facial de iluminação variável". IEEE transactions on pattern analysis and machine intelligence, vol.28, no.9, pp.1519-1524, 2006.

[18] Wright, John, Allen Y. Yang, Arvind Ganesh, S. Shankar Sastry e Yi Ma. "Reconhecimento facial robusto através de representação esparsa". IEEE transactions on pattern analysis and machine intelligence, vol. 31, n.º 2, pp. 210-227, 2009.

[19] **Su, Y., Shan, S., Chen, X., Gao, W.: 'Adaptive generic learning for face** recognition **from a single sample per person'. Proc. IEEE Conf,** on Computer Vision and Pattern Recognition (CVPR10), pp. 3699-2706, 2010.

[20] Nabatchian, Amirhosein, Esam Abdel-Raheem e Majid Ahmadi. "Extração de características invariantes de iluminação e correspondência local baseada em informação mútua para reconhecimento facial sob variação de iluminação e oclusão." Pattern Recognition, vol. 44, n.º 10, pp. 2576-2587, 2011.

[21] Naseem, Imran, Roberto Togneri e Mohammed Bennamoun. "Regressão linear para reconhecimento facial". IEEE transactions on pattern analysis and machine intelligence, vol. 32, no. 11)2106-2112, 2010.

[22] Wang, Biao, Weifeng Li, Wenming Yang e Qingmin Liao. "Normalização da iluminação baseada na lei de Weber com aplicação ao reconhecimento facial". IEEE Signal Processing Letters 18, no. 8 (2011): 462-465.

[23] **Zhang, L., Yang, M., Feng, X.: "Sparse representation or collaborative representation: which helps face recognition? Proc. IEEE Int. Conf, on Computer Vision (ICCV11),** Barcelona, 2011, pp.471-478.

[24] Tzimiropoulos, Georgios, Stefanos Zafeiriou e Maja Pantic. "Aprendizagem de subespaços a partir de orientações de gradiente de imagem". IEEE transactions on pattern analysis and machine intelligence 34, no.12 (2012): 2454-2466.

[25] Lee, Ping-Han, Szu-Wei Wu e Yi-Ping Hung. "Compensação de iluminação usando equalização de histograma local orientada e sua aplicação ao reconhecimento facial." IEEE Transactions on Image processing 21, no.9(2012):4280-4289.

[26] Xu, B., **Zhang, T.P., Shang, Z.W.: 'Multi-scale** invariant abstracted under varying **illumination'. Proc. IEEE Int. Conf, sobre Análise de Wavelet e Reconhecimento de Padrões** (ICWAPR12), Xian, 2012, pp. 28-32

[27] Nikan, Soodeh, e Majid Ahmadi. "Reconhecimento de rosto humano sob oclusão usando lbp e votação ponderada por entropia". Em Reconhecimento de Padrões (ICPR), 2012 21ª Conferência Internacional sobre, pp.1699-1702. IEEE, 2012.

[28] Patel, Vishal M., Tao Wu, Soma Biswas, P. Jonathon Phillips e Rama Chellappa. "Reconhecimento facial baseado em dicionário sob iluminação e pose variáveis". IEEE Transactions on Information Forensics and Security 7, no.3(2012): 954-965.

[29] Chan, Chi Ho, Muhammad Atif Tahir, Josef Kittler e Matti Pietikainen. "Quantização de fase local multiescala para reconhecimento facial robusto baseado em componentes usando a fusão de kernel de vários descritores". IEEE Transactions on Pattern Analysis and Machine Intelligence 35, no. 5 (2013): 1164-1177.

[30] Lu, Can-Yi, Hai Min, Jie Gui, Lin Zhu e Ying-Ke Lei. "Reconhecimento facial via representação esparsa ponderada". Journal of Visual Communication and Image Representation 24, no. 2 (2013): 111-116..

[31] Qian, Jianjun, Jian Yang e Guangwei Gao. "Histogramas discriminativos de orientação dominante local (D-HLDO) para extração de recursos de imagem biométrica". Pattern Recognition 46, no. 10 (2013):2724-2739.

[32] Baradarani, Aryaz, QM Jonathan Wu e Majid Ahmadi. "Uma estrutura eficiente de reconhecimento facial invariante de iluminação por meio de aprimoramento de iluminação e filtragem DD-DTCWT." Pattern Recognition 46, no. 1 (2013): 57-72.

[33] Yang, Meng, Lei Zhang, Simon CK Shiu e David Zhang. "Representação robusta baseada em recursos de Gabor e classificação para reconhecimento facial com dicionário de oclusão de Gabor." Pattern Recognition 46, no. 7 (2013): 1865-1878

[34] Nikan, Soodeh, e Majid Ahmadi. "Reconhecimento facial invariante de iluminação baseado em gradiente local usando quantização de fase local e fusão de padrão binário local multi-resolução." IET Image Processing 9, no. 1 (2014):12-21

[35] Ojala, Timo, Matti Pietikainen e Topi Maenpaa. "Classificação de textura invariante de rotação e escala de cinzentos multiresolução com padrões binários locais". IEEE Transactions on pattern analysis and machine intelligence 24,no.7 (2002): 971-987.

[36] Ahonen, Timo, Abdenour Hadid e Matti Pietikainen. "Descrição de rostos com padrões binários locais: Application to face recognition." IEEE transactions on pattern analysis and machine intelligence 28, no.12 (2006): 2037-2041

[37] Ahonen, T., Hadid, A., Pietikainen, **M.:'Face recognition with local binary patterns',** Springer Comput. Vis., 2004, 3021, pp. 469-481

[38] K. Mikolajczyk e C. Schmid, "A performance evaluation of local descriptors," *IEEE* Trans on Pattern Analogy and Machine Intel., Vol. 27, No. 10, pp. 1615-1630, Out. 2005

[39] Bhardwaj, S. K. "An Algorithm for Feature Level Fusion in Multimodal Biometric System." Jornal Internacional de Pesquisa Avançada em Engenharia e Tecnologia da Computação (IJARCET) Volume 3.

[40] Wang, Gang, Jinxing Hao, Jian Ma e Lihua Huang. "Uma nova abordagem à deteção de intrusões utilizando Redes Neuronais Artificiais e agrupamento difuso". Expert systems with applications 37, no. 9 (2010): 6225-6232

[41] Faraji, Mohammad Reza, e Xiaojun Qi. "Reconhecimento facial sob iluminações variáveis usando oito padrões direcionais locais completos baseados na dimensão fractal logarítmica." Neurocomputing 199 (2016): 16-30

I want morebooks!

Buy your books fast and straightforward online - at one of world's fastest growing online book stores! Environmentally sound due to Print-on-Demand technologies.

Buy your books online at
www.morebooks.shop

Compre os seus livros mais rápido e diretamente na internet, em uma das livrarias on-line com o maior crescimento no mundo! Produção que protege o meio ambiente através das tecnologias de impressão sob demanda.

Compre os seus livros on-line em
www.morebooks.shop